LE MARÉCHAL

LEFEBVRE,

DUC DE DANTZICK,

Poëme en huit Chants,

Par HONORÉ DUMONT.

PRIX : 1 FRANC.

A COUTANCES,

Chez J. V. VOISIN et C.ie, Imprimeurs-Libraires,
Et chez l'Auteur, quartier de la Luzerne.

Août 1842.

Y+

Le Maréchal

LEFEBVRE.

POÈME.

L'Auteur se propose de livrer à l'impression, dans le courant de la présente année, les Ouvrages désignés ci-après :

KLÉBER, *poème en dix Chants.*

LINNÉ, *poème en douze Chants.*

TOURVILLE, *poème en quatorze Chants.*

LA TOUR D'AUVERGNE, *poème en quinze Chants.*

VAUBAN, *poème en dix-sept Chants.*

BREST, *poème en dix-huit Chants :* ouvrage consacré à célébrer l'importance majeure de ce Port, et à rendre hommage à la haute influence qu'exerce la Marine Royale sur les destinées de l'Etat, — SECONDE EDITION. Avec l'épigraphe suivante, tirée du premier Chant :

> Oui, ton enceinte, ô Brest! embellit la patrie.
> En voyant ta splendeur, un grand prince s'écrie :
> « Quel empire imposant, et la terre et la mer ! »
> Ton éclat à la France, en effet, est bien cher.

LE MARÉCHAL

LEFEBVRE,

DUC DE DANTZICK,

Poème en huit Chants,

Par HONORÉ DUMONT.

« Lefebvre sut contenir et mener à la victoire
» des guerriers de différentes nations. Polonais,
» Badois, Saxons, Bavarois, tous sous son com-
» mandement rivalisaient de zéle et de dévoue-
» ment avec les Français. Tous l'ont pleuré... Au
» décés de l'illustre maréchal, ce concert una-
» nime de louanges et de regrets a retenti sur
» le Danube, la Vistule, et sur les deux rives
» du Rhin. . . . .

(*Le Maréchal duc* D'ALBUFÉRA : *Discours prononcé à la chambre des pairs.*)

A COUTANCES,

Chez J. V. VOISIN et C.ie, Imprimeurs-Libraires.

Août 1842.

A la Vaillance.

O toi, qui viens enflammer le cœur des héros, et qui es le principe de leurs grandes actions, j'aime à t'offrir l'hommage d'une production consacrée à célébrer un mortel en qui l'on vit toujours la plus haute énergie

Dumont.

AVANT-PROPOS.

Pendant l'hiver de l'année 1841 , je travaillais à former trois Poèmes, dont l'un est consacré à la gloire du général Kléber, l'autre à la mémoire du maréchal Kellermann, et le troisième est destiné à célébrer Guttemberg , l'inventeur de l'imprimerie en Europe. Le 30 janvier , une inspiration soudaine (1) m'a porté à suspendre la composition de ces ouvrages, pour faire celui que je mets en ce moment au jour.

Comme l'écrit que je viens livrer à l'impression fait une peinture complète des différens genres de mérite de l'illustre mortel dont j'ai entrepris l'éloge, il me semble qu'il serait superflu de m'étendre ici sur ce qui le concerne. Mais, pour donner un aperçu des principaux traits de son noble caractère, je crois devoir citer un passage du Discours que M. le Maréchal *Suchet* , duc d'Albuféra , prononça, le

(1) Dans la nuit du 29 au 30 janvier 1841 , par l'effet d'un songe, il me sembla que je voyais un château , situé près d'un fleuve impétueux ; que je demandais à qui était cette maison ; et que l'on me répondait qu'elle appartenait à Lefebvre.

Le lendemain matin , je cherchai, dans la *Biographie nouvelle des Contemporains* , tous les articles relatifs au nom que je viens de citer : je fus frappé de la Notice concernant le duc de Dantzick : je commençai immédiatement le poème que je publie aujourd'hui, et lequel a été terminé le 28 mars même année 1841.

12 juin 1821, à la chambre des pairs. Voici comme il s'exprime :

« . . . . . Faire preuve d'une rare habileté, d'un courage indomptable; porter de grands coups à la guerre, suffisent pour la renommée passagère d'un général : mais la postérité ne décerne la palme de l'immortalité qu'au grand capitaine dont la noble conduite dans les pays conquis puisse être citée pour modèle avec admiration. Lefebvre sut contenir et mener à la victoire des guerriers de différentes nations. Polonais, Badois, Saxons, Bavarois, tous sous son commandement rivalisaient de zèle et de dévouement avec les Français. Tous l'ont pleuré... Au décès de l'illustre maréchal, ce concert unanime de louanges et de regrets a retenti sur le Danube, la Vistule, et sur les deux rives du Rhin. Dans les lieux témoins de sa gloire, il professa toujours les lois de l'honneur et de l'humanité. »

Ne m'attachant point à faire des poèmes où respire le merveilleux des fictions, je consacre ma lyre à célébrer des sujets historiques et nationaux : en conséquence, je recherche l'authencité dans les renseignemens, l'exactitude dans les faits, l'impartialité dans les jugemens et les opinions. Ainsi, je crois pouvoir me flatter que les personnes de bonne foi ne trouveront jamais que mes productions soient entachées d'aucun esprit de parti. Je puis, ce semble, aussi penser que les hommes véritablement éclairés pourront me rendre ce témoignage, qu'il n'est pas si facile qu'on se

l'imaginerait de créer des compositions du genre de
celles que je me suis voué à produire.

Les Notices biographiques ont bien de l'attrait pour
moi : d'ailleurs je crois que ce sont les seules sources
où je puisse trouver tous les détails dont peut avoir
besoin l'essence de mes travaux. Qu'il me soit permis
de penser qu'on reconnaîtra, que, dans mon âme,
l'amour de la vérité ne nuit point à la chaleur, à la
fécondité de l'imagination.

J'aime à témoigner toute ma reconnaissance à la
Biographie nouvelle des contemporains (1), puisque
c'est son article concernant le Maréchal Lefebvre qui
m'a inspiré l'hommage que je décerne à ce grand
guerrier. Cet article m'a aussi fourni tous les matériaux et même la contexture de ma production, car
je l'ai trouvé si sage, si bien rédigé, si plein d'un
intérêt progressif, que je n'y ai rien changé, rien
supprimé, rien interverti, et que j'ai tout respecté.
Heureux, si j'ai pu parvenir à rendre dignement les
expressions que je me suis efforcé de conserver dans
mon poème.

(1) BIOGRAPHIE NOUVELLE DES CONTEMPORAINS, ou *Dictionnaire historique raisonné de tous les hommes qui, depuis la révolution française ont acquis de la célébrité, etc., soit en France,
soit dans les pays étrangers;* par MM. A. V. ARNAULT, ancien
membre de l'Institut: A. JAY; E. JOUY, de l'Académie française ;
J. NORVINS, et autres Hommes de lettres, Magistrats et Mili-
taires. Ornée de 300 portraits. 20 volumes in-8.º, Paris, Ledentu,
Dufour et C.º, libraires. 1827.

LE MARÉCHAL LEFEBVRE.

CHANT PREMIER.

CAPITAINE illustré par quarante ans de gloire (1),
Je veux montrer l'amour que j'ai pour ta mémoire.
Ce n'est pas seulement l'éclat de tes hauts faits
Qui pour ma vive ardeur a de puissans attraits :
C'est encor la bonté qu'offre ton caractère (2) ;
C'est ton cœur franc, loyal, énergique et sincère ;
Ce sont tes sentimens remplis d'humanité ,
D'amour de la justice et de la probité ;
C'est la simplicité de tes goûts , de ton âme :
Combien tant de vertus vont inspirer ma flamme !
    A peine ton enfance eut terminé son cours ,
Que tu te vis privé de l'auteur de tes jours (3).
Et , ce malheur , souvent on l'a vu le partage
De ceux à qui l'histoire accorde un noble hommage.
Un de tes proches vient prendre soin de ton sort ;
Mais avec ses desseins ton goût n'est pas d'accord.
Ton digne parent veut te vouer à l'Eglise :
Ta destinée par lui ne semble pas comprise.
Vers l'état militaire est ta vocation.
Ton frère ayant choisi cette profession ,

Tu viens auprès de lui manifester ton zèle :
Tu le vois applaudir à ton ardeur nouvelle ;
Tu goûtes le plaisir de voir que ce guerrier
Vient d'avoir , à Strasbourg , le grade d'officier.

     Ton généreux début est dans un corps d'élite (4) ,
Où bientôt se viendra signaler ton mérite :
Dans les gardes du roi ton penchant t'a placé ;
Et là , pendant douze ans , tu te trouves fixé.
Ton âme a pour partage une grande énergie :
La multitude veut attenter à la vie (5)
Des officiers du corps qui te voit en ses rangs ;
Mais tu sais arrêter ces projets effrayans.
Ce corps , qu'on voit en butte à tant d'effervescence ,
Est bientôt supprimé , par motif de prudence (6) :
Mais , de la compagnie où tu viens figurer ,
La moitié des guerriers se voit incorporer
Dans un corps que l'on forme en notre capitale.
Pour instruire ce corps , ton zèle se signale.

     Le régime qui veut en France s'établir
Ne peut manquer par toi de se voir applaudir (7).
La modération qu'offre ton caractère
Aux coupables excès va se montrer contraire ;
Et tu ne viens agir dans deux occasions ,
Qu'afin de comprimer d'injustes actions ,
Qui pourraient amener des malheurs déplorables.
Tu fais voir que tu hais les actes condamnables ,
Tu fais voir que l'honneur et la fidélité
S'unissent dans ton âme à l'intrépidité.

     Pour se rendre à St-Cloud la cour se met en marche ;

Mais des séditieux blâment cette démarche ,
Et viennent s'opposer au vœu du souverain ,
Qui ne peut point alors accomplir son dessein.
La cour est en danger , par cette violence :
Tu viens la secourir , contre tant d'insolence ,
Et viens favoriser le retour à Paris
De ces mortels en butte aux complots ennemis.

Les tantes de ton roi , prévoyant un orage ,
Veulent en Italie entreprendre un voyage.
Tout individu doit avoir la liberté
De rechercher la paix et la sécurité.
C'est donc bien justement que ton zèle s'empresse
De venir protéger l'une et l'autre princesse ,
Contre l'effort qui veut s'opposer au désir
Que Rome à leurs regards viennent bientôt s'offrir.
Combien d'estime est due au zèle que tu montres !
On voit couler ton sang au sein de ces rencontres.

Pour toi , plus grand encore est un autre danger (7),
Dans un nouveau péril tu te viens engager :
On te voit préserver de l'avide pillage
Un établissement financier , juste et sage (8),
Et d'un grand intérêt pour chacun , pour l'Etat ;
La Caisse d'escompte est l'objet de l'attentat
Que contre elle prétend effectuer le crime ,
Dont ton zèle a failli te rendre la victime.

Combien est précieux un généreux guerrier ,
Qui pour nos intérêts vient se sacrifier !
Heureux celui qui sait faire un si noble usage
De cette faculté qu'on nomme le courage !

Le soldat qui chérit et l'ordre et le bon droit
Mérite éminemment l'éloge qu'il reçoit.
Il s'est acquis l'estime et la reconnaissance.
Que d'intérêt on prend à sa belle existence !
Ses armes ne sont point le fléau des humains ;
On applaudit le sort qui les met en ses mains,
Puisque pour la justice un noble feu l'anime :
La force qu'il déploie est sage, est légitime,
Car le bon droit est tout au sein de nos cités ;
Et la licence, hélas ! fait leurs calamités.

L'ascendant que tu prends, Lefebvre, est le présage
Du destin glorieux qui sera ton partage ;
Et peut être ton âme a le pressentiment
De ce que produira ton rare dévouement.
Alors que des combats viendra s'ouvrir l'arène
Tu seras admiré sur cette grande scène.
A l'Alsace on devra de fameux généraux,
Et tu seras compté parmi ses grands héros,
Puisqu'elle est le séjour qui t'a donné naissance.
Avec orgueil le Rhin sentira la vaillance
Que viendront déployer sur ses bords nos guerriers.
Combien donc à leurs mains il promet de lauriers !

FIN DU PREMIER CHANT.

Notes du Chant premier.

(1) « LEFEBVRE (FRANÇOIS-JOSEPH) , duc de Dantzick , maréchal de France, membre de la chambre des pairs , grand'-
croix de la légion-d'honneur , chevalier de Saint-Louis , et de
l'ordre de Charles III d'Espagne , naquit à Rufack (*) , département du Haut-Rhin , le 25 octobre 1755. . . . . »
(*Biographie nouvelle des Contemporains* , t. XI , p. 235.)

Voici , concernant cette ville , un passage qui me semble
être intéressant :

. . . .
« Chef-lieu d'une petite circonscription territoriale , d'un
mandat , Rouffach (dont le nom dérive de *Roth-Bach*, la rivière rouge, qui vient l'arroser du fond de la jolie vallée de Soultz-
Matt.) avait été donnée , ainsi que ses dépendances , à l'évêché
de Strasbourg. Malgré son importance , long-temps on ne la
désigna que par des diminutifs latins , correspondans aux mots
de bourg et de village , et ce ne fut que vers le XIV.ᵉ siècle ,
lorsqu'elle eut été environnée de murailles , qu'on lui accorda
le titre de ville. . . . .
« Si les annales de Rouffach ne sont que d'un médiocre intérêt ,
les souvenirs des rois Mérovingiens lui donnent quelque relief ,
et le caractère assez original de son architecture la recommande ,
en outre , à la curiosité. La noblesse , si nombreuse en Alsace ,
avait groupé ses maisons de ville autour d'Isenburg ; et les
édifices privés de Rouffach annoncent encore , pour la plupart
à des indices certains , la haute condition de ses premiers habi-

(*) *Le Dictionn. géogr.* de M. Perrot et M.ᵐᵉ *Aragon* , écrit
Rouffac... , à 3 l. s. de Colmar ; l'*Almanach du Commerce* et le
Dictionn. de tous les lieux de la France , par M. *Barbichon* ,
portent Rouffac.
(*Note de l'auteur du poème.*)

tans. Comme les seigneurs et les vilains se faisaient, au moyen
âge, reconnaître à la différence de coupe et d'étoffe de leurs
vêtemens, de même les manoirs seigneuriaux et les maisons
bourgeoises avaient leurs formes distinctives et leurs matériaux
particuliers. Les maisons nobles, indépendamment des armoi-
ries frappées sur leurs faces, se décoraient presque exclusive-
ment de pignons travaillés avec recherche et richement sculp-
tés. Les hôtels de Rouffach exerçaient rigoureusement ce pri-
vilége architectural, et quelques-uns de leurs pignons, entre
autres ceux que l'on voit ici, méritent encore d'être examinés
comme de précieux objets d'art. Ces palais à physionomie gothi-
que fortement prononcée, qui se pressent dans l'étroite enceinte
de la ville, accompagnent bien son église, leur contemporaine.

. . . .

« Quoique sa population se soit toujours maintenue beaucoup
plutôt au-dessous qu'au-dessus de 4,000 âmes, Rouffach a
largement apporté son contingent au catalogue des hommes
illustres de la France ; elle a donné aux sciences et aux lettres
plusieurs écrivains assez estimés, à la tête desquels il faut placer le docte Pellican, qu'honora l'amitié d'Erasme ; dans les
beaux arts elle a pour représentant le sculpteur Wolvelin (du
XIV.ᵉ siècle) qui a décoré les églises de Strasbourg de quelques
beaux mausolées ; sous le rapport de la gloire militaire enfin,
elle peut entrer en parallèle avec les plus fières cités de France :
François-Joseph Lefebvre, que son courage, son génie guerrier
et ses nobles vertus firent maréchal de France et duc de Dantzick.
était enfant de Rouffach. »

(La Mosaïque, *Nouveau Magasin Pittoresque universel*,
t. 2. p. 341. Paris, Philippe, libraire. 1837.)

(2) Cet ouvrage était terminé, depuis plus d'un an, lorsque,
le 4 août 1842, on m'a dit que, dans un Journal, il y avait une
anecdote relative au Maréchal Lefebvre ; de laquelle, alors,
j'ai pris connaissance, et que j'aime à offrir ici :

» L'Arcade 130 du Palais-Royal.

» Une des plus anciennes et des plus populaires arcades du
Palais-Royal est, sans contredit, la boutique qui porte le nº 130.

» Un matin que, de très-bonne heure, le père Molin, mar-
chand-tailleur, dirigeait ses deux commis occupés à étaler, sur
le devant de la boutique, des habits d'enfants (spécialité dans
laquelle l'arcade du n° 130, avait alors, comme à présent, la
réputation d'exceller), il se sentit rudement frapper sur l'épaule
droite. Peu satisfait de cette énergique marque de la familiarité,
il se retourna, l'air grognon et la bouche hargneuse... mais il
resta stupéfait et presque consterné ; ses lèvres entr'ouvertes
pour gronder, se fermèrent par un mouvement convulsif, et sa
main se porta machinalement vers sa tête, comme s'il eût cher-
ché, pour saluer, un chapeau qui ne s'y trouvait pas...C'est qu'il y
avait là devant le père Molin, un inconnu de haute taille, dont
un chapeau galonné d'or et chargé de plumes, un chapeau de
général, couronnait la tête. Appuyé sur son sabre, l'œil vif, la
moustache relevée, l'étranger laissait voir, à travers les plis du
large manteau qui l'enveloppait, les broderies d'or de son habit ; enfin le grand cordon de la Légion-d'Honneur retombait
sur sa poitrine.

» Pendant quelques secondes, ils restèrent ainsi en présence
muets et immobiles.

— » Et bien, père Molin, comment cela va-t-il? demanda
enfin le militaire, quand il se fut assez amusé de la surprise du
tailleur.

— » Pas mal, monseigneur, répliqua le petit homme, sans
trop savoir ce qu'il disait, et regardant avec stupéfaction la main
amie que lui tendait le général.

— » Ah! ça, tu as donc fait fortune, que tu fais le fier avec
tes anciens amis? Voilà un quart d'heure que je te tends la main
et que tu ne me la serres pas, sacrebleu.

— » Pardon, mon général, mais je n'ai pas l'honneur...

— » Eh quoi! dix ans t'empêchent de reconnaître ton meilleur
ami, ton compagnon de cabaret, celui que tu as régalé tant de fois
d'un verre de vin et d'une côtelette... le joyeux garde-française
François-Joseph Léfebvre? Allons, mon vieux, à bas la surprise!
viens m'embrasser. Pour être duc de Dantzick et maréchal de
France, on n'en est pas plus fier, va!... je m'invite à déjeuner chez
toi. Envoie chercher du vin à quinze, deux côtelettes ; prends-en

2

même quatre, cela ne fera pas de mal, et vive la joie ! Nous boi-
rons aux temps de notre jeunesse , et tu viendras dîner demain
chez moi, à mon palais, avec ma femme, madame la duchesse ,
qui n'en est pas plus fière ni moins bonne , et qui se souvient
très-bien qu'elle a porté le bidon de vivandière sur ses épaules.

» Je vous laisse juger de la joie et de l'émotion du père Molin :
il riait, il pleurait, il embrassait le maréchal, il lui serrait les
mains , il criait à ses garçons : C'est mon ami François ! et leur
donnait cent ordres contradictoires pour le déjeuner.

« Le duc de Dantzick, presque aussi ému, se tenait appuyé
contre le pilastre de l'arcade, quand à son tour il se sentit
frapper sur l'épaule. Il se retourna... sa surprise et son émotion
égalèrent au moins la surprise et l'émotion dont le père Molin
avait naguère donné de si étranges preuves. Il rougit, ôta res-
pectueusement son chapeau, et balbutia quelques paroles qu'un
geste du nouveau venu interrompit aussitôt.

— « Maréchal, dit-il, j'ai oublié ou bien l'on m'a volé ma
bourse. Je suis entré dans un café pour déjeuner, et quand il
m'a fallu payer, je me suis trouvé sans argent. Je ne sais comment je serais sorti de cet embarras, si je ne vous eusse aperçu
de loin. Payez ma dépense à ce garçon qui m'accompagne, et
donnez-lui un napoléon pour boire.

« Celui qui parlait ainsi au général était un homme de taille
moyenne, et dont la redingote bleue et le chapeau rond, par
leur forme surannée et leur état de maturité, semblaient plutôt
justifier la pénurie d'argent que l'acte de munificence dont il
gratifiait ce garçon de café. Quand l'homme au tablier fut payé,
le nouveau venu passa son bras sous celui du maréchal et l'em-
mena sans façon.

» Consterné de voir son illustre convive s'éloigner, le père
Molin courut aussitôt près du maréchal.

— » Et notre déjeuner, demanda-t-il, et notre déjeuner,
François !

» Le duc de Dantzick, par un geste mystérieux, lui enjoi-
gnit le silence, et suivit l'inconnu avec lequel il disparut bientôt
derrière les arcades.

» Tandis que le tailleur rentrait dans sa boutique, non sans

faire rejaillir sur ses commis quelque chose de la mauvaise
humeur qui l'agitait, le maréchal et son compagnon quittaient
le Palais-Royal et montaient dans un fiacre.

— » Tu t'es trouvé là bien à propos. Sans toi j'allais proba-
blement être conduit au corps de garde pour avoir escroqué un
déjeuner.

— » Si jamais l'on vous avait fait une pareille injure !...

— » Je dois, tout comme un autre payer mon déjeuner, et je
n'avais pas même un franc dans ma poche. Ce qu'il y avait de
plus comique, c'est que le papier que je chiffonne là, dans ma
main, est un mandat de cent mille écus sur le trésor. Mais tu
conviendras que je ne pouvais guère le changer pour payer
quatre francs soixante-quinze centimes.

— » Un mandat de trois cents mille francs.

— » Oui, c'est un cadeau que je porte à un savant de mes
amis.

— » A un savant s'écria Lefebvre, à un savant trois cents
mille francs ! et que fera-t-il de pareille somme ? Il y a là de
quoi rendre heureux, pour toute leur vie, trois cents vieux soldats.

» Celui à qui s'adressaient ces paroles se mit à rire.

— » Tu n'aimes donc pas les savans, mon brave Lefebvre ?

— » Ma foi, non ; je fais peu de cas de ces liseurs de vieux
livres, qui ne sont bons à rien et que l'on paie plus cher qu'un
maréchal de France.

— » Qui est bon à quelque chose, n'est-ce pas, ne fût-ce qu'à
payer mon déjeuner, interrompit celui qui tenait le bras du
maréchal, en pinçant l'oreille du brave soldat. Ne sois pas injus-
te, mon ami, ces trois cents mille francs sont destinés à Berthollet.

— « Berthollet, répliqua le maréchal, Berthollet, je ne le con-
nais pas.

— « Pardieu la plaisanterie me paraît un peu forte. Tu n'as
jamais entendu parler de Berthollet ?

— « Je sais le nom de tous ceux qui servent sous mes ordres,
depuis mes aides-de-camp jusqu'à la moindre vivandière. Le
reste ne me regarde pas.

— « Allons, ne te fâche point. Tu vas faire la connaissance
de Berthollet.

— « Bien obligé. J'aurais autant aimé aller déjeuner avec mon ami Molin, le tailleur.

— « Ah ! je m'explique maintenant ta mauvaise humeur contre les savans, puisqu'il s'agit d'un déjeuner manqué. Eh bien, gourmand, tu feras pénitence jusqu'au bout. Au lieu de l'odeur des côtelettes de ton tailleur, tu respireras les parfums moins alléchans du chlore et du gaz hydrogène. Allons, en avant, pas accéléré, marche ! Je veux te faire connaître Berthollet. Berthollet est un brave, d'ailleurs, il était de l'expédition d'Egypte, et aucun danger n'a pu jamais le faire renoncer à ses expéditions scientifiques. Un jour qu'il remontait le Nil, sur une barque où les Mameluks lui envoyaient force balles, ses compagnons le virent remplir de pierres les poches de sa redingote. — Que prétendez-vous faire ? lui demandèrent-ils. — Couler à fond plus vite, dit-il, afin que ces gredins-là n'aient pas la joie de faire un Français prisonnier.

— « Hum ! répliqua le maréchal, voilà qui est bien.

« Le duc de Dantzick et son compagnon étaient arrivés à Arcueil et entraient, sans se faire annoncer, dans l'atelier du chimiste. On peut juger de la surprise de celui-ci, quand il vit Napoléon lui rendre ainsi visite.

— « Pourquoi ne vous voit-on plus aux Tuileries, monsieur ?

— « Sire, il m'a fallu construire un immense laboratoire, dont les devis ont dépassé mes prévisions ; j'ai dû réduire la dépense de ma maison, et même supprimer mes chevaux et ma voiture ; par conséquent, je ne puis aller à la cour.

— « La belle raison ! Ne savez-vous pas que j'ai toujours cent mille écus au service de mes amis, interrompit Napoléon, en jetant sur la table le mandat qu'il venait de montrer tout-à-l'heure au maréchal.

» Ne m'avez-vous point rendu assez de services pour que je vous donne les moyens de venir me voir aux Tuileries. La chimie vous doit d'immenses progrès. Vous avez enseigné aux industriels à blanchir les toiles par le chlore ; et, pour prix de tout cela, vous n'êtes encore que membre de l'académie des sciences et sénateur de Montpellier. Je vous nomme directeur de ma fabrique des Gobelins ; cette place se trouve vacante depuis hier, et personne ne mérite plus que vous de la remplir. Maintenant, il faut vous appliquer à une découverte à laquelle j'attache la plus grande importance. Il s'agirait d'empêcher l'eau qu'emportent les marins dans leurs expéditions lointaines, de se corrompre et de devenir une sorte de poison pour ces braves gens.

« Berthollet réfléchit quelques minutes.

— « Sire, dit-il, diverses expériences m'ont appris la tendance de l'hydrogène à se combiner avec le charbon, et la tendance avec laquelle ce dernier corps retient l'hydrogène. Par suite de ce phénomène, l'eau qui se trouverait en contact avec du charbon ne serait point altérée... Pour conserver de l'eau douce pendant les voyages de long cours, il suffit donc de brûler l'intérieur des tonneaux destinés à la contenir... Je réponds de l'infaillibilité de ce moyen.

— « Maréchal, mon argent est-il bien employé? demanda l'Empereur au duc de Dantzick. Voilà un quart d'heure de conversation qui sauvera la vie à plus de cent mille marins.

— « Le soldat tendit la main au savant.

— « Monsieur, lui dit-il, vous méritez l'amitié de tout cœur véritablement français. Permettez-moi de vous offrir la mienne et de vous demander la vôtre.

— « Vous êtes dignes l'un de l'autre, ajouta l'Empereur. Tous les deux enfans de vos œuvres, vous, Lefebvre, pauvre soldat alsacien, vous, Berthollet, pauvre enfant genevois, c'est à force de mérite personnel, de courage et de persévérance que vous êtes arrivés à la gloire ; que vous vous êtes rendus dignes de la reconnaissance du pays ; que vous vous êtes gagné mon amitié.

« Puis, se tournant vers Berthollet :

— « Venez me voir souvent aux Tuileries. Vous savez combien j'aime à recevoir vos visites et à causer avec vous.

» Napoléon reprit le bras du maréchal, monta dans le premier fiacre qu'ils rencontrèrent, et ramena son compagnon au Palais Royal, devant la boutique du père Molin.

« — Monsieur, dit-il au tailleur, voici votre convive que je vous rends. Donnez-lui vite à déjeuner, car il se meurt de faim.

« — Si monsieur voulait partager ce déjeuner avec François... avec M. le maréchal, veux-je dire, proposa le tailleur.

« — Merci, j'ai quelques affaires qui m'obligent à retourner à l'instant chez moi.

« — Nous aurons un chapon truffé et du vin... tout ce qu'il y a de meilleur, continua Molin en insistant.

« — Bien obligé. Veuillez seulement faire avancer un peu le fiacre que nous avons laissé dans la rue voisine, à deux pas d'ici.

« La voiture arriva bientôt ; le maréchal conduisit l'Empereur jusqu'au vénérable sapin bordé de velours d'Utrecht jaune, et vint rejoindre le père Molin.

« — Quel est donc ce monsieur à redingote râpée? demanda le marchand d'habits. Vous devriez bien l'engager à se faire faire chez moi une redingote neuve.

« — Tu n'es pas dégoûté, Molin ; car tu pourrais te vanter d'avoir en lui la plus célèbre pratique du monde. Mais n'allons-nous pas enfin déjeuner?

« — Si fait, voici que l'on met la table..... Quel est donc ce monsieur ?

« — C'est l'Empereur.

« A ce nom, le père Molin faillit tomber de son haut.

« L'empereur! s'écria-t-il, l'empereur Napoléon!...

« Puis, revenu un peu de sa surprise, il dit : — En tout cas, il peut se vanter d'avoir un bien mauvais tailleur. Sacristi! si j'avais l'honneur de l'habiller, je m'en tirerais d'une autre façon, reprit-il, avec un noble orgueil.

« S. Henri Berthoud. »

(*Feuilleton* du Journal de Coutances (*) , du 21 novembre 1841.)

(*) Je suis flatté de trouver l'occasion d'indiquer ce Journal intéressant, de ma ville natale, duquel j'ai fait, seulement pour ce qui concerne quatre ou cinq années, plus de douze cents extraits. Voici l'intitulé de cette Feuille :

Journal de Coutances , *Feuille d'Annonces judiciaires-légales, Affiches et Avis divers.*

Ce Journal paraît tous les dimanches, à sept heures du matin.

(3) « Il perdit son père, commandant de la garde bourgeoise de Rufack, ayant à peine atteint sa 18.ᵐᵉ année, et fut confié aux soins d'un respectable ecclésiastique, son oncle paternel. La direction de ses études lui annonçait qu'il était destiné à une carrière pour laquelle il ne se sentait aucune vocation. . . . .

(*Biographie nouvelle des Contemporains.*)

(4) « . . . Il s'engagea dans le régiment des gardes-françaises, dont il était premier sergent lorsque la révolution éclata. . . . »

(*Biographie nouvelle des Contemporains.*)

« *Le régiment des gardes*, s'est dit d'Un régiment d'infanterie française, destiné à garder les avenues des lieux où le roi était logé. On disait aussi absolument *Les gardes*, ou, en faisant *gardes* féminin, *les gardes françaises.* »

(*Dictionnaire de l'Académie*, tome I. Sixième édition. Paris, Firmin Didot frères. 1835.)

(5) « . . . Le 21 juillet 1789, la multitude, indignée de la conduite de plusieurs officiers de cette garde (les gardes françaises), se porta à leur caserne et les aurait massacrés, si Lefebvre ne fût parvenu, par sa présence d'esprit et par sa fermeté, à faciliter la retraite de ses supérieurs et à contenir les mutins. »

(*Biographie nouvelle des Contemporains.*)

(6) L'auteur du poème ne sait pas bien quel motif occasionna la suppression du corps des gardes-françaises ; mais il croit trouver, en quelque sorte, la cause de cette mesure dans le passage suivant :

PRIX DE L'ABONNEMENT :

9 fr. par année, rendu franc de port, à domicile.

5   pour six mois.

3   pour trois mois.

14   avec lithographies.

(*Editeur-Propriétaire*, J. V. VOISIN.)

IMPRIMERIE DE J. V. VOISIN ET COMP.ᵉ

« . . . Cependant des ordres avaient été donnés pour faire
» avancer des troupes vers Paris ; des bruits sinistres se répan-
» dirent, et le 14 juillet (1789) une partie de la population de
» la capitale, secondée par les gardes-françaises, après avoir
» enlevé les armes déposées aux Invalides s'empara de la
» Bastille. »

    (*Biographie nouv. des Contemporains*, t. XII, p. 110.)

    (7) A cause de tout le bien que promettait l'aurore de la
révolution.

    (8) En 1792.

    (9) « . . . L'établissement dans la capitale (par Louis XVI)
d'une caisse d'escompte, dont le but, en facilitant les opérations
du commerce, était l'augmentation du numéraire ; . . . . .

    (*Biographie nouvelle des Contemporains*, t. XII, p. 107.)

FIN DES NOTES DU PREMIER CHANT.

LE MARÉCHAL LEFEBVRE.

CHANT DEUXIÈME.

Du mortel à qui vient s'adresser mon hommage
Le vrai patriotisme et le rare courage
Attirent les regards de son gouvernement ,
Et lui font obtenir un prompt avancement (1).
J'observe avec amour ses hautes destinées :
Trois grades supérieurs, en moins de deux années ,
De leurs beaux attributs viennent le décorer.
Le dernier de ces trois qu'on vient lui conférer
Et qui, certes, présente une haute importance ,
Pour Lefebvre devint la juste récompense
Des talens qu'il avait offerts dans deux combats ,
Dont Lambach et Giesberg ont vu les résultats.
    Le nom du grand guerrier qu'à peindre je m'attache (2),
A vos faits les plus beaux l'histoire le rattache ,
Valeureuses armées , dont les noms glorieux
Sont faits pour inspirer des sons mélodieux :
C'est de vos nobles noms que chaque armée s'appelle
Vous , que je dois citer , *Vosges , Sarre , Moselle.*

Mais surtout, *Sambre-et-Meuse*, à toi doit s'appliquer
Un honneur qu'à bon droit tu viens revendiquer.
Ton avant-garde fut par Lefebvre guidée;
Oui, toujours elle fut par sa voix commandée.

Fleurus, tu viens fonder le renom immortel
Du guerrier qui m'inspire un écrit solennel.
Vous allez entraîner des Français la défaite,
O vous que l'ennemi contraint à la retraite,
Ailes de notre armée, accablées par Cobourg (3).
Lefebvre est affligé de ce cruel retour.
De nos drapeaux il veut régler la destinée,
Quelle ardeur ce héros montre en cette journée !
Il fait serment de vaincre ou périr en ce lieu.
Il repousse trois fois les efforts de Beaulieu (4),
Qu'avec vous, jeune prince (5) on voit alors combattre.
Nous n'avons, contre vous, qu'un homme contre quatre;
Mais nos guerriers sont pleins d'une intrépidité
Qui double le ressort de leur activité.
Jourdan alors remporte une grande victoire :
A Lefebvre en revient une brillante gloire.

Auprès d'Aldenhoven on vient livrer combat,
Et dans cette bataille, avec un grand éclat,
Mon héros sait encor signaler sa vaillance :
Il fait là triompher les armes de la France.

Lefebvre vient montrer bien de l'humanité
Pour des hommes qu'afflige une calamité :
La guerre contre toi, Linnich, est animée ;
Par l'ennemi ta ville est alors consumée ;

Ses habitans, privés d'asile, d'alimens,
Vont de terribles maux éprouver les tourmens.
Au général français leur voix alors s'adresse :
Ils viennent demander qu'il calme leur détresse.
Lefebvre est attendri de leur position ;
Ses soldats prennent part à son émotion,
Ils veulent soulager, avec le plus grand zèle,
Des êtres que je plains l'infortune cruelle :
Pour adoucir le sort de tant de malheureux,
On les voit partager tous leurs vivres entre eux.

   A ta rare valeur, ô Lefebvre ! on confie
Une opération d'une grande énergie :
Elle est d'effectuer le passage du Rhin (6),
Le premier dont la France ait conçu le dessein,
En nos jours, où tout prend un mâle caractère.
De la patrie, ainsi, va s'accroître la sphère.
Sous un terrible feu, le fleuve est traversé,
Et soudain l'ennemi par toi se voit chassé.
Avec les grenadiers, d'un courage intrépide,
Tu viens de consommer cette action rapide.
En avant d'Eichelcamp on te voit t'établir.

   De combien de lauriers tu sauras te couvrir !
L'année d'ensuite vient t'ouvrir une carrière
Qui donne une grand essor à ton ardeur guerrière.
Combat d'Altenkirchen, en ton sein mon héros
A pris douze canons, a pris douze drapeaux ;
Trois mille prisonniers sont aussi sa conquête.

   Aux plus brillans exploits son âme est toujours prête:
Dans les grandes journées de Kaldeich et Friedberg,
Et dans celles qu'offrit et Sulzbach et Bamberg,

Son intrépidité de nouveau nous étonne.

   Deux ans après encor (7) , la gloire le couronne ,
Lorsqu'après le trépas de Hoche , si fameux ,
On le voit commander les guerriers généreux
Que celui-ci toujours menait à la victoire.
Mais ton autorité , Lefebvre est provisoire.

   On voulait te charger de l'expédition
Qui du Hanovre allait faire l'invasion ;
Mais on vient ajourner une telle entreprise.
Une autre destinée à tes soins est commise (8) ,
Et l'armée du Danube , aux ordres de Jourdan ,
Va voir se déployer ton généreux élan.
Tu montres à Stockach un courage indomptable ,
Contre un effort qui doit te sembler formidable :
Mais ton zèle intrépide est propre à tout oser.
Huit mille guerriers sont ce que peut opposer
Ton ardeur au courroux de trente-six mille hommes.
Ennemis ! vous savez ce que pour vous nous sommes ;
Et Lefebvre , par vous blessé grièvement
Est forcé de quitter l'armée en ce moment.

   Il revient à Paris , en cette circonstance.
On voit le directoire applaudir sa vaillance.
Il vient lui confier la haute mission
De commander en France une division (9) ,
Qui prend pour son chef-lieu la ville capitale.

   Pour un ordre nouveau Lefebvre se signale.
Notre gouvernement est contraire à nos vœux (10) ,
Et le peuple languit sous un joug rigoureux.

Un génie étonnant veut sauver la patrie :
Il veut la délivrer des bras de l'anarchie.
Bonaparte , c'est toi qui traverses les mers (I I) ,
Pour venir mettre un terme à nos cruels revers.
A servir tes desseins Lefebvre se dévoue ,
Et de ce dévoûment l'opinion le loue.

FIN DU DEUXIÈME CHANT.

Notes du Chant deuxième.

(1) « Le courage et le patriotisme de Lefebvre motivèrent son rapide avancement. Le 3 septembre 1793, il passa adjudant-général, de simple capitaine d'infanterie légère ; le 2 décembre de la même année (12 frimaire an 2), général de brigade, et le 10 janvier 1794 (21 nivôse an 2), général de division. Ce dernier grade fut la récompense des talens qu'il déploya dans les combats de Lambach et de Giesberg. »

(*Biograph. nouv. des Contemporains*, t. xi , p. 236.)

(2) Tous les détails compris dans ce paragraphe et celui qui le suit, sont empruntés au discours que prononça M. le maréchal Suchet, à la chambre des pairs, le 12 juin 1821. Plusieurs passages de ce discours sont cités textuellement dans la Notice biographique que j'ai prise pour guide ; je me suis efforcé de les reproduire le plus fidèlement qu'il m'a été possible, et je crois devoir avertir, une seule fois, que je ne me suis permis d'y ajouter que ce qui était nécessaire au coloris et à la marche poétiques.

(3) Le prince de Cobourg, général au service de l'Autriche.

(4) Le baron de Beaulieu , général d'artillerie au service d'Autriche.

(5) Le prince Charles, archi-duc d'Autriche.

(6) En 1795.

(7) Dans la campagne de l'an 7 (1798).

(8) En l'an 8 (1799).

(9) « . . . . De retour à Paris, il reçut du gouvernement direc-

torial les plus grands éloges et le commandement de la 17.ᵉ division militaire. Il rendit, en cette qualité, des services importans au général Bonaparte lors des événemens du 18 brumaire an 8 (9 novembre 1799).

(*Biographie nouvelle des Contemporains.*)

(10) « . . . Nous arrivons à une époque que les hommes de tous les partis ont diversement jugée. Le gouvernement directorial touchait à sa fin ; on sentait le besoin d'un pouvoir exécutif ferme, énergique ; il fallait remplacer le directoire pour maintenir la liberté qui avait coûté tant de larmes et tant de sang. Les véritables patriotes avaient jeté les yeux sur le général Moreau ; mais Moreau manquait de caractère, et sa défiance en ses forces l'eût peut-être porté à refuser. Le nom du général Joubert était environné de l'estime publique ; ce général paraissait réunir les conditions exigées ; mais au milieu de toutes ces fluctuations de partis, et de toutes ces délibérations, apparut un homme qui s'était acquis une grande célébrité par ses victoires et son art à conduire les armées. Il fixa l'attention des amis de la patrie, et le directoire fut remplacé par le consulat, dont il devint le chef. »

(*Biographie nouvelle des Contemporains*, tome XI, p. 360.)

(11) « 5 fructidor an 7 — 17 août 1799. — Départ du général Bonaparte de l'Egypte.

« 16 vend. an 8 — 8 oct. 1799. — Débarquement du général Bonaparte à Fréjus.

« 24 *id.*   — 16 *id.*   — Arrivée de ce général à Paris. »

(*Biog. nouv. des Contemp.* TABL. CHRONOL.)

« . . . Bonaparte fut vivement frappé de l'excès d'enthousiasme qui anima la population à son débarquement. Cette exaltation ne ressemblait point à celle dont l'avait entouré sa gloire passée ; et quand il s'entendit saluer du nom de libérateur, de vengeur de la France, il connut toute la faveur de la fortune qui le ramenait dans sa patrie. La guerre civile s'était rallumée dans l'Ouest avec fureur, et menaçait d'envahir le Midi. L'Italie tout

entière avait été reconquise : Joubert, que le directoire avait
choisi pour reprendre l'Italie, et pour conquérir une popularité
militaire utile à ses desseins, Joubert avait été tué; et, en dernier témoignage d'une miraculeuse destinée, l'homme de toutes
les victoires d'Italie, Masséna, venait de détruire, dans les mon-
tagnes de l'Helvétie, le dernier corps de l'armée du conquérant
Suwarow. Le directoire, chargé de la haine générale, portait
avec indifférence le poids de tous les reproches, et la France
portait avec indignation celui de tous les revers. A six heures
du soir, Bonaparte se mit en route pour Paris avec le général
Berthier, son chef d'état-major d'Italie et d'Egypte. Le voyage
de Fréjus à Paris fut un triomphe national. Il reçut partout sur son passage, et notamment à Lyon, les honneurs sou-
verains. Des fêtes brillantes et publiques furent improvisées par
les villes, par les campagnes, et présidées par les autorités. Il
ne se méprit point sur l'enthousiasme dont il était l'objet; et,
bien convaincu que c'était comme LIBÉRATEUR qu'il était salué,
il fut, plus que jamais, justifié à ses yeux de son départ d'Egypte,
et dévoué à la résolution qu'il avait prise en la quittant. La
France tout entière semblait être dans la confidence de l'avenir.

. . . . »

(Biographie nouvelle des Contemporains, t. III, p. 191.)

FIN DES NOTES DU SECOND CHANT.

LE MARÉCHAL LEFEBVRE.

CHANT TROISIÈME.

L'ESPRIT de parti peut contester nos malheurs ;
Mais combien de Français versaient, hélas! des pleurs,
Quand d'un jeune héros le zèle tutélaire
S'empara du pouvoir dans ton mois , ô brumaire !
Dira-t-on qu'en ce temps régnait la liberté ?
Quelle sagesse alors avait l'autorité ?
Quel respect l'étranger avait-il pour la France ?
Quelle influence avait alors cette puissance ?
Quelle gloire acquéraient en ces jours nos drapeaux ?
Quelle abondance alors avaient nos capitaux ?
Quelle équité basait les lois et les mesures
Qui régissaient l'État parmi ces conjonctures?
    Le directoire veut avec toi s'expliquer ,
Ô Lefebvre , qu'il voit dans Paris s'appliquer
A seconder les plans qu'un grand homme prépare (1).
Aux interlocuteurs ta franchise déclare
Que ta bouche ne peut répondre à leur désir ,
Qu'aucun compte par toi ne se doit plus offrir
Qu'au général à qui la loi te subordonne (2),
Et que la confiance en tous lieux environne.

Tu viens accompaguer Bonaparte à Saint-Cloud (5),
Où la France va voir éclater un grand coup,
Un coup d'état , qui doit faire une ère nouvelle
Pour le peuple français , qu'à la gloire on appelle.
Le moment d'inertie ou bien d'inaction
Que Bonaparte montre , en cette occasion ,
Dans l'instant qu'on le voit quitter cette assemblée (4)
Où peut-être il eût pu voir son âme troublée ,
Puisque là des poignards voulaient percer son cœur ;
Cette inaction là , qu'une commune erreur
A prise dans le temps pour de l'incertitude ,
N'était pourtant l'effet que de l'inquiétude
Qu'il avait sur le sort de son frère Lucien ,
Qui de ses plans s'était déclaré le soutien.
   Le zèle de Lefebvre en ce moment s'anime ;
A Bonaparte, alors , en ces mots il s'exprime :
« Donnez-moi , général , un ordre pour agir ,
» Et votre frère , ici je vais soudain l'offrir. »
« Faites à votre gré , lui répond Bonaparte ;
» Il faut , de notre but , que rien ne nous écarte. »
Par vingt-cinq grenadiers Lefebvre est escorté :
On va voir son dessein bientôt exécuté.
Il entre dans la salle : une rumeur s'élève ,
Avant que son dessein , ignoré , ne s'achève.
« Que prétendez-vous donc ? Quelle témérité
» D'oser des députés braver la dignité !.... »
Lefebvre , à ces discours , ne rompt point le silence ;
Sans proférer un mot , il persiste et s'avance ,
Et jusqu'à la tribune il vient porter ses pas ,
Toujours accompagné de ses vingt-cinq soldats.

De Lucien , président , avec calme il s'empare. .
Plus vivement encor l'assemblée se déclare
Contre Lefebvre , objet de menaces , de cris ;
Mais que ne trouble point cette aigreur des esprits.
Il faut qu'un grand destin maintenant s'accomplisse(5).

Lefebvre, conservé dans le plein exercice
Du haut commandement d'une division
Qui de Paris (6) reçoit sa puissante action ,
Voit le pouvoir placer en lui sa confiance ,
Pour un dessein bien cher au bonheur de la France.
Quatre départemens (7) vont le voir concourir
A les pacifier , à les faire fleurir.

De hautes dignités deviennent le partage
De celui dont je peints le zèle , le courage :
En germinal an huit , il est fait sénateur ,
Et bientôt du sénat on le nomme préteur (8).
Tous ses emplois brillans ma voix va les redire.
Lefebvre, tu te vois maréchal de l'empire (9);
Un ordre glorieux , et civil et guerrier ,
Te reçoit dans son sein , comme grand officier.
Sur toi , de plus en plus , un beau lustre se porte :
O légion-d'honneur ! ta cinquième cohorte
A Lefebvre pour chef , et bientôt , sur son sein ,
Le grand-aigle offrira son éclat souverain.

Nous voyons se rouvrir le temple de la guerre (10):
C'est la Prusse qui vient provoquer ton tonnerre ,
Invincible héros , admirable Empereur ,
A qui la France doit une rare splendeur.
Lefebvre reparaît dans ton sein , grande armée ,
Qui du désir de vaincre est toujours animée.

A Iéna (11) des Prussiens l'effroyable tombeau,
La garde à pied le voit commander son drapeau.
En Pologne, bientôt, Napoléon t'envoie,
Lefebvre, et combien là ton zèle se déploie !

Sous ses ordres Lefebvre a le dixième corps :
Par son activité, par ses puissans efforts,
Combien alors il couvre, il protège, il seconde
Les opérations, l'intention profonde
De notre grande armée, ô Vistule ! qui vois
Sur ta gauche bientôt éclater nos exploits.
Mais après ta bataille, où s'accrut notre gloire,
Eylau (12), ce général quitte ce territoire.
A d'imminens dangers on le vient appeler,
Et combien, de nouveau, va-t-il se signaler !

O Lefebvre ! il te faut investir une place,
Bien digne d'exercer tes talens, ton audace :
Contre Dantzick il faut déployer ta valeur (13),
Pour accomplir le vœu que forme l'Empereur.
Seize mille guerriers vont seconder ton zèle,
Ils sont tous animés de l'ardeur la plus belle ;
Ils sont Français, Saxons, Badois et Polonais ;
Et de combien d'entre eux vont briller les hauts faits !

FIN DU TROISIÈME CHANT.

Notes du Chant troisième.

(1) « . . . .
» Le 9 novembre 1799 (18 brumaire an VIII) le conseil des
Anciens, après avoir entendu un rapport de sa commission des
inspecteurs sur la situation de Paris, rendit un décret qui trans-
férait le Corps-Législatif à Saint-Cloud, chargeait le général
Bonaparte de son exécution, et lui donnait l'autorité sur les
troupes. Le lendemain eut lieu à Saint-Cloud la séance du conseil des Cinq-Cents, dans laquelle le général Bonaparte fut
menacé. . . . . »
(*Le Magasin Pittoresque.* Troisième année. 1835. Pag. 336.)

(2) « Mandé au directoire pour y donner des explications sur
sa conduite en accompagnant le général (Bonaparte) au conseil
des anciens, il répondit que dorénavant il n'avait plus de compte
à rendre qu'au chef que le conseil des anciens venait de procla-
mer. »
(*Biographie nouvelle des Contemporains.*)

(3) « . . . Le 19 (brumaire) il suivit Bonaparte à Saint-Cloud.
Le moment d'inaction dans lequel ce général est resté en sortant
du conseil des cinq cents, qui tenait ses séances à l'Orange-
rie, où il avait failli être assassiné (inaction que bien des gens
ont prise dans le temps pour de l'incertitude, et que l'on a inter-
prétée et commentée de tant de manières), n'avait d'autre motif
que la position périlleuse où son frère Lucien se trouvait dans
le conseil. « Donnez-moi un ordre, lui dit Lefebvre, et je vous
» amène à l'instant votre frère. — Allez, faites ce que vous vou-
» lez, » lui répondit Bonaparte. Lefebvre prend 25 hommes de
la garde du directoire, et entre à leur tête dans la salle. « Qu'est-
» ce donc ? que prétendez-vous ? que venez-vous faire ici ? etc. »
Lefebvre se tait, avance, et sans dire un mot, arrive avec son
escorte jusqu'à la hauteur de la tribune et s'empare de Lucien,

qu'il emmène au milieu des cris et des menaces de l'assemblée. »
   (*Biographie nouvelle des Contemporains*, t. XI, p. 237.)

(4) Le Conseil des Cinq-Cents , comme on vient de le voir
dans la première Note de ce Chant.

(5) « 22 frim. an 8 — 13 déc. 1799. — Bonaparte est nommé
premier consul, Cambacérés second consul, et Le Brun troisième consul. »
   « 24 *id.*   . 15 *id.* — Promulgation dela constitution
de l'an 8; le premier consul déclare que la révolution est finie.
   (*Biogr. nouv. des Contemp.* TABL. CRONOL.)

(6) Ainsi que nous l'avons dit, c'était la 17.ᵐᵉ Division militaire , et qui avait Paris pour centre.

(7) L'Eure, la Manche, l'Orne et le Calvados.

(8) Il en conserva les fonctions jusqu'à la fin du gouvernement
impérial.

(9) « Le 19 mai 1804, il fut élevé à la dignité de maréchal de
l'empire, et nommé successivement chef de la 5.ᵉ cohorte de la
Légion-d'Honneur , grand-officier , puis grand aigle de cet
ordre. »
   (*Biograph. nouv. des Contemporains*).

(10) En 1806.

(11) La bataille d'Iéna eut lieu le 14 octobre 1806.

(12) La bataille d'Eylau a été livrée le 8 février 1807. Voici
quelques détails sur ce qui la concerne :

SOIXANTE-TROISIÈME BULLETIN.

Osterode, le 28 février 1807.

« . . . . : . . . .
» Tous les rapports que l'on reçoit s'accordent à dire que l'en-

nemi a perdu à la bataille d'Eylau 20 généraux et 900 officiers tués
et blessés, et plus de 30,000 hommes hors de combat.

« . . . . »

SOIXANTE-QUATRIÈME BULLETIN.
Osterode, le 2 mars 1807.

« . . . .

« Après la bataille d'Eylau, l'empereur a passé tous les jours
plusieurs heures sur le champ de bataille, spectacle horrible,
mais que le devoir rendait nécessaire. Il a fallu beaucoup de tra-
vail pour enterrer les morts. On a trouvé un grand nombre de
cadavres d'officiers russes, avec leurs décorations. Il paraît que
parmi eux il y avait un prince Repnin. Quarante-huit heures encore après la bataille, il y avait plus de 5000 Russes blessés qu'on
n'avait pu encore emporter. On leur faisait porter de l'eau-de-
vie et du pain, et successivement on les a transportés à l'ambu-
lance.

» Qu'on se figure, sur un espace d'une lieue carrée, 9 ou
10,000 cadavres, 4 ou 5000 chevaux tués, des lignes de sacs
russes, des débris de fusils et de sabres, la terre couverte de
boulets, d'obus, de munitions, 24 pièces de canon, auprès des-
quelles on voyait les cadavres des conducteurs tués au moment
où ils faisaient des efforts pour les enlever : tout cela avait plus
de relief sur un fond de neige : ce spectacle est fait pour inspirer aux princes l'amour de la paix et l'horreur de la guerre.

» . . . . »

---

(13)   ### CINQUANTE-NEUVIÈME BULLETIN.
Preussich-Eylau, le 14 février 1807.

» . . . .

» Le maréchal Lefebvre s'est porté, le 12, sur Marienwerder. Il
y a trouvé 7 escadrons prussiens, les a culbutés, leur a pris 300
hommes, parmi lesquels un colonel, un major et plusieurs officiers, et 250 chevaux. Ce qui a échappé à ce combat s'est réfugié
dans Dantzick.

« . . . . »

Soixante-Troisième Bulletin.
Osterode, le 28 février 1807.

« . . . .

» Le général Dabrowski a marché contre la garnison de Dantzick; il l'a rencontrée à Dirschau, l'a culbutée, lui a fait 6,000 prisonniers, pris 7 pièces de canon, et l'a poursuivie plusieurs lieues l'épée dans les reins. Il a été blessé d'une balle. Le maréchal Lefebvre était arrivé sur ces entrefaites au commandement du 10.ᵉ corps : il avait été joint par les Saxons, et il marchait pour investir Dantzick.

» . . . . »

« Soixante-Cinquième Bulletin.
Osterode, le 10 mars 1807.

« . . . .

» Le maréchal Lefebvre a cerné entièrement Dantzick, et a commencé les ouvrages de circonvallation de la place.

» . . . . »

Soixante-Sixième Bulletin.
Osterode, le 14 mars 1807.

« . . . .

» . . . . . . Le maréchal Lefebvre a achevé l'investissement de Dantzick. Le général Teulié a investi Colberg. L'une et l'autre de ces garnisons ont été rejetées dans ces places, après de légères attaques.

» . . . . »

Soixante-Septième Bulletin.
Osterode, le 25 mars 1807.

« . . . .

» Le maréchal Lefebvre a ordonné, le 20, au général de brigade Schramm, de passer de l'île du Nogat dans Frisch-Hoff, pour couper la communication de Dantzick avec la mer. Le passage s'est effectué à trois heures du matin ; les Prussiens ont été culbutés et ont laissé entre nos mains 300 prisonniers.

» A six heures du soir, la garnison a fait un détachement de

4000 hommes, pour reprendre ce poste ; il a été repoussé avec perte de quelques centaines de prisonniers et d'une pièce de canon.

» Le général Schramm avait sous ses ordres le 2.ᵉ bataillon du 2.ᵉ régiment d'infanterie légère et plusieurs bataillons saxons, qui se sont distingués. L'Empereur a accordé trois décorations de la légion-d'honneur aux officiers saxons, et trois aux sous-officiers et soldats, et au major qui les commandait.

» . . . . »

SOIXANTE-HUITIÈME BULLETIN.
Osterode, le 29 mars 1807.

« . . . .

» Le 26, à cinq heures du matin, la garnison de Dantzick a fait une sortie générale, qui lui a été funeste. Elle a été repoussée partout. Un colonel nommé Cracaw, qui avait fait le métier de partisan, a été pris avec 400 hommes et deux pièces de canon, dans une charge du 19.ᵉ de chasseurs. La légion polonaise du Nord s'est fort bien comportée ; deux bataillons saxons se sont distingués.

» . . . . »

SOIXANTE-NEUVIÈME BULLETIN.
Finckenstein, le 4 avril 1807.

« . . . .

» Le maréchal Lefebvre commande le siége de Dantzick. Le général Lariboissière a le commandement de l'artillerie. Le corps de l'artillerie justifie, dans toutes les circonstances, la réputation de supériorité qu'il a si bien acquise. Les canonniers français méritent, à juste raison, le titre d'hommes d'élite. On est satisfait de la manière de servir des bataillons du train.

» . . . . »

SOIXANTE-DIXIÈME BULLETIN.
Finckenstein, le 9 avril 1807.

« . . . .

» Plusieurs régimens russes sont entrés par mer dans la ville de Dantzick. La garnison a fait différentes sorties. La légion polonaise du Nord, et le prince Michel Radzivil qui la commande, se sont distingués. Ils ont fait une quarantaine de prisonniers russes. Le siége continue avec activité. L'artillerie de siége commence à arriver.

» . . . . »

SOIXANTE-ONZIÈME BULLETIN.
Finckenstein, le 19 avril 1807.

« La victoire d'Eylau, ayant fait échouer tous les projets que l'ennemi avait formés contre la Basse-Vistule, nous a mis en mesure d'investir Dantzick et de commencer le siége de cette place. Mais il a fallu tirer les équipages de siége des forteresses de la Silésie et de l'Oder, en traversant une étendue de plus de 100 lieues, dans un pays où il n'y a pas de chemins. Ces obstacles ont été surmontés et les équipages de siége commencent à arriver. 100 pièces de canon de gros calibre, venues de Stettin, de Custrin, de Glogau et de Breslaw, auront sous peu de jour${}_s$ leur approvisionnement complet.

» Le général prussien Kalkreuth commande la ville de Dantzick. Sa garnison est composée de 14,000 Prussiens et 6,000 Russes. Des inondations et des marais, plusieurs rangs de fortifications et le fort de Wechselmund, ont rendu difficile l'investissement de la place.

» Le journal du siége de Dantzick fera connaître ses progrès à la date du 17 de ce mois. Nos ouvrages sont parvenus à 80 toises de la place ; nous avons même plusieurs fois insulté et dépalissadé les chemins couverts.

» Le maréchal Lefebvre montre l'activité d'un jeune homme. Il était parfaitement secondé par le général Savary ; mais ce général est tombé malade d'une fièvre bilieuse, à l'abbaye d'Oliva, qui est à peu de distance de la place. Sa maladie a été assez grave pour donner pendant quelque temps des craintes sur ses jours. Le général de brigade Schramm, le général d'artillerie, Lariboissière, et le général du génie, Kirgener, ont aussi très-bien secondé le maréchal Lefebvre. Le général de division du génie, Chasseloup, vient de se rendre devant Dantzick.

» Les Saxons, les Polonais, ainsi que les Badois, depuis que le prince héréditaire de Bade est à leur tête, rivalisent entre eux d'ardeur et de courage.

» L'ennemi n'a tenté d'autre moyen de secourir Dantzick, que d'y faire passer par mer quelques bataillons et quelques provisions.

» . . . . »

SOIXANTE-TREIZIÈME BULLETIN.
Elbing, le 8 mai 1807.

« . . . .

» Le journal du siége de Dantzick fera connaître qu'on s'est logé dans le chemin couvert, que les feux de la place sont éteints, et donnera les détails de la belle opération qu'a dirigée le général Drouet, et qui a été exécutée par le colonel Aimé, le chef de bataillon Arnaud, du 2.ᵉ légère, et le capitaine Avy. Cette opération a mis en notre pouvoir une île que défendaient 1,000 Russes, et 5 redoutes garnies d'artillerie, et qui est très-importante pour le siége, puisqu'elle prend de revers la position que l'on attaque. Les Russes ont été surpris dans leurs corps de garde : 400 ont été égorgés à la baïonnette, sans avoir eu le temps de se défendre, et 600 ont été faits prisonniers. Cette expédition, qui a eu lieu dans la nuit du 6 au 7, a été faite en grande partie par les troupes de Paris, qui se sont couvertes de gloire.

» . . . . »

FIN DES NOTES DU TROISIÈME CHANT.

LE MARÉCHAL LEFEBVRE.

CHANT QUATRIÈME.

Dantzick est fort par l'art, est fort par la nature :
Sa garnison puissante encore le rassure :
Dix-huit mille Prussiens défendent ses remparts ;
Trois mille Russes vont partager leurs hasards ;
Sa milice bourgeoise est bien organisée ,
Et nombreuse : au combat on la voit disposée.

Nous ouvrons des tranchées : il faut les protéger (1) ;
Dans de fréquens combats il faut nous engager.
Pendant que chaque jour l'ennemi nous harcelle ,
De nouveaux défenseurs entrent dans sa querelle :
Douze mille guerriers , guidés par Kamenski ,
De la ville en danger vont prendre le parti :
Russes, vous prétendez entrer dans cette place ,
Qui croit avoir en vous un secours efficace.

Lefebvre a partagé ses forces pour agir ;
Les soldats de Russie, il sait les contenir.
Comme il sait repousser leur attaque puissante !
Et, pendant qu'il soutient cette lutte imposante ,

Qui de bien des mortels déjà tranche les jours (2),
Deux généraux faméux viennent à son secours :
Lannes, vous, Oudinot, son intrépide émule,
Ensemble vous passez promptement la Vistule :
On vous voit arriver à pas précipités ;
Et combien vos soldats à vaincre sont portés !
Oudinot, ton coursier tombe sur la poussière ;
Mais sa mort ne nuit point à ta flamme guerrière :
Tu viens combattre à pied, avec tes grenadiers.
Combien, en ce jour-là, nous cueillons de lauriers !
Oui, combien l'ennemi se voit dans la détresse !
Combien notre courroux et le trouble et le presse !
Russes, à quels dangers vous êtes exposés !
Sur tous les points, par nous, vous êtes écrasés.
Combien vous redoutez notre vive poursuite !
La baïonnette aux reins vient hâter votre fuite,
Jusque sous ton canon, qui va les secourir,
Weisselmunde (3), qui viens ici de les offrir.
Peut être ce revers a droit de te surprendre.

O terrible combat ! tu n'as pas fait suspendre
Les travaux entrepris contre cette cité
Qui ne veut point fléchir sous notre volonté.
Ici, l'artillerie ainsi que le génie,
Comme dans toute guerre où leur force est unie,
Ont montré les talens et l'intrépidité
Qui constamment se joint à leur activité.

Enfin, tout était prêt pour l'assaut redoutable,
Lorsque, pour éviter cet acte formidable,
Le gouverneur, après avoir avec honneur
Lutté pendant trois mois contre notre valeur,

Déclare que Dantzick va donner à la France
Les marques qu'elle veut de son obéissance (4).
Cette place est bientôt remise entre nos mains,
Et sa reddition rehausse nos desseins (5).

Officiers de tous rangs, vous soldats énergiques,
Combien n'avez-vous pas fait de traits héroïques
En ce siége, qu'on sait être un des plus fameux
De ceux que l'on a vus dans ces temps belliqueux !
Si, ces faits éclatans, je ne puis les redire,
Il est une action que doit chanter ma lyre:

A la suite du feu d'un terrible combat,
Qu'on voit avoir pour nous un fâcheux résultat,
Une redoute vient de nous être enlevée :
A couvrir nos travaux elle était réservée;
Maintenant l'ennemi l'emploie à foudroyer
Nos troupes, que ce feu vient contraindre à ployer.
Ce revers, dont on voit notre gloire alarmée,
Allait peut-être nuire au salut de l'armée,
Alors qu'on avertit Lefebvre du danger
Dans lequel cet échec est venu nous plonger.
Il accourt, et bientôt tout va changer de face;
Et quelques généraux près de lui prennent place.
De ses aides de camp il est accompagné.
Des coups que l'on nous porte il paraît indigné :
Dix lustres et deux ans forment alors son âge,
Mais ils ne peuvent point ralentir son courage.
Huit cents de nos guerriers, en ce péril pressant,
Arrivent en ces lieux ; et Lefebvre, à l'instant,

4

Parle à ce bataillon (6) : à sa tête il s'élance ,
Et profère ces mots , qu'a répétés la France :
Enfans , c'est aujourd'hui qu'arrive notre tour.
Allons ! Tous ces soldats sont pénétrés d'amour.
L'intrépide guerrier s'offre dans la mêlée.
Quelle touchante ardeur pour lui s'est révélée !
Combien il est l'objet de généreux transports !
Ses soldats viennent faire un rempart de leurs corps
Au maréchal , qui veut , plein d'une noble envie ,
Pour l'honneur des Français sacrifier sa vie.
Mais tous les soins qu'on prend , il les rend superflus :
Non , non , leur dit alors le guerrier de Fleurus ,
Que le plus grand péril ne put jamais abattre ,
Et moi je veux aussi; dans ce moment, *combattre !...*
    Voyez dans quelle lutte il se vient engager !
Voyez comme il affronte un si pressant danger !
Combien , pour arrêter l'ardeur que tu signales ,
On voit pleuvoir ici la mitraille , les balles ,
O Lefebvre , si plein d'une invincible ardeur !
Combien tes braves sont dignes du rare honneur
De se voir commander par un grand capitaine !
Oui , Lefebvre , par toi la victoire est certaine :
La redoute bientôt retombe entre nos mains.
De tous ses défenseurs les efforts sont donc vains :
La plupart, sous nos coups , finissent leur carrière ;
Des autres , la personne on la rend prisonnière.
    O grand Condé ! tu vins , par un beau mouvement,
Jeter le bâton d'or de ton commandement
Dans les retranchemens d'une place ennemie (7) ,
Et cette action fut par l'honneur applaudie :

On la vit admirer de tes contemporains ;
Elle est dans les récits d'illustres écrivains.
Toi, Déesse aux cent voix, que pourras-tu donc dire
Du mortel dont l'ardeur en ce moment m'inspire :
Lui, dont je viens de peindre un trait de dévoûment
Que l'histoire fera vivre éternellement ;
Lui, qu'on voit pénétrer au milieu d'une enceinte
Où de la mort son cœur aime à braver l'atteinte ;
Lui, dont le zèle vient conduire nos soldats,
Qui, pour le seconder, méprisent le trépas ?

FIN DU QUATRIÈME CHANT.

On la vit admirer de ses contemporains

Tôt, Byesses tout contrister, que pourrais-tu donc être

De tuerai dans l'aurore de purpurant, m'inspira ;

Lui, comte je viens de prendre un trait de ces chemins

Qui, pâliront les fers de ses âmes-mêmes ?

Lui, qui se voit ébranler ou culbute d'un sceptre

Quand la sans son cri que d'effroi que l'équilibre

Lui, dont le sein vient rendre encore nos soleils

Qui, peut-être ranger ... régnait sur les vôpts ...

FIN DU QUATRIÈME CHANT.

Notes du Chant quatrième.

(1)   SOIXANTE-QUATORZIÈME BULLETIN.

« *Finckenstein*, *le* 16 *mai* 1807.

» Le prince Jérôme, ayant reconnu que trois ouvrages avancés de Neiss, qui étaient le long de la Biélau, gênaient les opérations du siége, a ordonné au général Vandamme de les enlever. Ce général, à la tête des troupes Wurtembergeoises, a emporté ces ouvrages dans la nuit du 30 avril au 1.er mai, a passé au fil de l'épée les troupes ennemies qui les défendaient, a fait 120 prisonniers et pris 9 pièces de canon. Les capitaines du génie Deponthon et Prost, le premier, officier d'ordonnance de l'Empereur, ont marché à la tête des colonnes et ont fait preuve de grande bravoure. Les lieutenans Hohendorff, Bawer et Mulher se sont particuliérement distingués.

» Le 2 mai, le lieutenant-général Camcer a pris le commandement de la division wurtembergeoise.

» Depuis l'arrivée de l'empereur Alexandre à l'armée, il paraît qu'un grand conseil de guerre a été tenu à Bartenstein, auquel ont assisté le roi de Prusse et le grand-duc Constantin ; que les dangers que courait Dantzick ont été l'objet des délibérations de ce conseil ; que l'on a reconnu que Dantzick ne pouvait être sauvé que de deux maniéres : la première en attaquant l'armée française, en passant la Passarge, en courant la chance d'une bataille générale, dont l'issue, si l'on avait du succés, serait d'obliger l'armée française à découvrir Dantzick ; l'autre en secourant la place par mer. La première opération paraît n'avoir pas été jugée praticable, sans s'exposer à une ruine et à une défaite totale ; et on s'est arrêté au plan de secourir Dantzick par mer.

» En conséquence, le lieutenant-général Kaminski, fils du feld-maréchal, avec deux divisions russes, formant douze régimens, et plusieurs régiments prussiens ont été embarqués à

Pillau. Le 12, 63 bâtimens de transport, escortés par trois fré-
gates, ontdébarqué les troupes à l'embouchure de la Vistule, au
port de Dantzick, sous la protection du fort de Weischelmunde.

» L'Empereur donna sur – le – champ l'ordre au maréchal
Lannes, commandant le corps de réserve de la grande armée,
de se porter de Marienbourg, ou était son quartier-général,
avec la division du général Oudinot, pour renforcer l'armée du
maréchal Lefebvre. Il arriva, en une marche, dans le même
temps que l'armée ennemie débarquait. Le 13 et le 14, l'ennemi
fit des préparatifs d'attaque ; il était séparé de la ville par un
espace de moins d'une lieue, mais occupé par les troupes françaises. Le 15 il déboucha du fort sur trois colonnes ; il projetait
de pénétrer par la droite de la Vistule. Le général de brigade
Schramm, qui était aux avant-postes, avec le 2.e régiment d'infanterie légére et un bataillon de Saxons et de Polonais, reçut
les feux de l'ennemi, et le contint à portée de canon de Weischelmunde.

» Le maréchal Lefebvre s'était porté au pont situé au bas de
la Vistule, et avait fait passer le 12.e d'infanterie légére et
s Saxons, pour soutenir le général Schramm. Le général Gardanne, chargé de la défense de la droite de la Vistule, y
avait également appuyé le reste de ses forces. L'ennemi se
trouvait supérieur, et le combat se soutenait avec une
égale opiniâtreté. Le maréchal Lannes, avec la réserve d'Oudinot, était placé sur la gauche de la Vistule, par où il paraissait la veille que l'ennemi devait déboucher; mais, voyant
les mouvemens de l'ennemi démasqués, le maréchal Lannes,
passa la Vistule avec quatre bataillons de la réserve d'Oudinot. Toute la ligne et la réserve de l'ennemi furent mises
en déroute et poursuivies jusqu'aux palissades ; et à neuf
heures du matin, l'ennemi était bloqué dans le fort de
Weischelmunde. Le champ de bataille était couvert de morts.
Notre perte se monte à 25 hommes tués et 200 blessés. Celle de
l'ennemi est de 900 hommes tués, 1500 blessés et 200 prisonniers. Le soir on distinguait un grand nombre de blessés qu'on
embarquait sur les bâtimens qui, successivement, ont pris le large
pour retourner à Kœnigsberg. Pendant cette action, la place

n'a fait aucune sortie, et s'est contentée de soutenir les Russes
par une vive canonnade. Du haut de ses remparts délabrés et à
demi-démolis, l'ennemi a été témoin de toute l'affaire. Il a été
consterné de voir s'évanouir l'espérance qu'il avait d'être secou-
ru. Le général Oudinot a tué de sa propre main trois Russes.
Plusieurs de ses officiers d'état-major ont été blessés. Le 12.ᵉ et
le 2.ᵉ régimens d'infanterie légère se sont distingués. Les détails
de ce combat n'étaient pas encore arrivés à l'état-major.

» Le journal du siége de Dantzick fera connaître que les travaux se poursuivent avec une égale activité, que le chemin
couvert est couronné, et que l'on s'occupe des préparatifs du
passage du fossé.

» Dés que l'ennemi sut que son expédition maritime était arrivée devant Dantzick, ses troupes légéres observèrent et inquié-
tèrent toute la ligne, depuis la position qu'occupe le maréchal
Soult le long de la Passarge, devant la division du général Mo-
rand sur l'Alle. Elles furent reçues à bout-portant par les volti-
geurs, perdirent un bon nombre d'hommes, et se retirèrent plus
vite qu'elles n'étaient venues.

» Les Russes se présentèrent aussi à Maiga, devant le général
Zajonczeck, commandant le corps d'observation polonais, et
enlevèrent un poste de Polonais. Le général de brigade Fischer
marcha à eux, les culbuta, leur tua une soixantaine d'hommes,
1 colonel et 2 capitaines. Ils se présentèrent également devant
le 5.ᵉ corps, insultèrent les avant-postes du général Gazan, à
Willenberg. Ce général les poursuivit pendant plusieurs lieues.
Ils attaquèrent plus sérieusement la tête du pont de l'Omulew
de Drenzewo. Le général de brigade Girard marcha à eux avec
le 88.ᵉ, et les culbuta dans la Narew. Le général de division
Suchet arriva, poussa les Russes l'épée dans les reins, les culbuta dans Ostrolenka, leur tua une soixantaine d'hommes, et
leur prit 50 chevaux. Le capitaine du 64.ᵉ, Laurin, qui commandait une grand'garde, cerné de tous côtés par les Cosaques,
fit la meilleure contenance, et mérita d'être distingué. Le maréchal Masséna, qui était monté à cheval avec une brigade de
troupes bavaroises, eut lieu d'être satisfait du zéle et de la bonne
contenance de ces troupes.

» Le même jour 13, l'ennemi attaqua le général Lemarrois à l'embouchure du Bug. Ce général avait passé cette rivière, le 10, avec une brigade bavaroise et un régiment polonais, avait fait construire en trois jours des ouvrages de tête de pont, et s'était porté sur Wiskowo, dans l'intention de brûler les radeaux auxquels l'ennemi faisait travailler depuis six semaines. Son expédition a parfaitement réussi; tout a été brûlé, et dans un moment ce ridicule ouvrage de six semaines fut anéanti.

» Le 13, à 9 heures du matin, 6,000 Russes, arrivés de Nur, attaquèrent le général Lemarrois dans son camp retranché. Ils furent reçus par la fusillade et la mitraille; 300 Russes restèrent sur le champ de bataille; et quand le général Lemarrois vit l'ennemi, qui était arrivé sur les bords du fossé, repoussé, il fit une sortie et le poursuivit l'épée dans les reins. Le colonel du 4.ᵉ de ligne bavarois, brave militaire, a été tué : il est généralement regretté. Les Bavarois ont perdu 20 hommes, et ont eu une soixantaine de blessés.

» Toute l'armée est campée par divisions, en bataillons carrés, dans des positions saines.

» Ces événemens d'avant-postes n'ont occasionné aucun mouvement dans l'armée. Tout est tranquille au quartier-général. Cette attaque générale de nos avant-postes, dans la journée du 13, paraît avoir eu pour but d'occuper l'armée française, pour l'empêcher de renforcer l'armée qui assiége Dantzick. Cette espérance de secourir Dantzick par une expédition maritime paraîtra fort extraordinaire à tout militaire sensé, et qui connaîtra le terrain et la position qu'occupe l'armée française.

» Les feuilles commencent à pousser. La saison est comme au mois d'avril en France. »

(2)   Soixante-quinzième Bulletin.
« Finckenstein, le 18 mai 1807.

» Voici de nouveaux détails sur la journée du 13. Le maréchal Lefebvre fait une mention particulière du général Schramm, auquel il attribue, en grande partie, le succès du combat de Weischelmunde.

» Le 15, depuis deux heures du matin, le général Schramm

était en bataille, couvert par deux redoutes construites vis-à-
vis le fort de Weischelmunde. Il avait les Polonais à sa gauche,
les Saxons au centre, le 2.ᵉ régiment d'infanterie légère à sa
droite, et le régiment de Paris en réserve. Le lieutenant-général russe Kamenski déboucha du fort à la pointe du jour ; et
après deux heures de combat, l'arrivée du 12.ᵉ d'infanterie légère, que le maréchal Lefebvre expédia de la rive gauche, et un
bataillon saxon, décidèrent l'affaire. De la brigade Oudinot, un
seul bataillon put donner. Notre perte a été peu considérable.
Un colonel polonais, M. Paris a été tué. La perte de l'ennemi est
plus forte qu'on ne pensait. On a enterré plus de 900 cadavres
russes. On ne peut pas évaluer la perte de l'ennemi à moins de
2,500 hommes. Aussi ne bouge-t-il, plus, et paraît-il très-
circonspect derrière l'enceinte de ses fortifications. Le nombre
de bateaux chargés de blessés qui ont mis à la voile est de 14.
» . . . . »

Soixante-seixième Bulletin.
« Finckenstein, le 30 mai 1807.

» Une belle corvette anglaise doublée en cuivre, de 24 canons,
montée par 120 Anglais, et chargée de poudre et de boulets,
s'est présentée pour entrer dans la ville de Dantzick. Arrivée
à la hauteur de nos ouvrages, elle a été assaillie par une vive
fusillade des deux rives, et obligée d'amener. Un piquet du régiment de Paris a sauté le premier à bord. Un aide de camp
du général Kalkreuth, qui revenait du quartier-général russe,
plusieurs officiers anglais ont été pris à bord. Cette corvette
s'appelle *le Sans-Peur.* Indépendamment de 120 Anglais, il y
avait 120 Russes sur ce bâtiment.

» La perte de l'ennemi au combat de Weichselmunde, du 15,
a été plus forte qu'on ne l'avait d'abord pensé, une colonne
russe qui avait longé la mer, ayant été passée au fil de la baïonnette. Compte fait on a enterré 1,300 cadavres russes.
» . . . . , ...
» . . . . l'intéressant siége de Dantzick
continue à marcher. L'ennemi éprouvera un notable dommage,
en perdant cette place importante et les 20,000 hommes qui y

sont renfermés. Une mine a joué sur le blockhausen et l'a fait sauter. On a débouché sur le chemin couvert par quatre amorces, et on exécute la descente du fossé.

» . . . . »

(3) « Fort, Prusse, devant Dantzick. » (*Dict. Géograph.*, par PARISOT.) — La notice biographique dit Weichselmunde, et les Bulletins de la grande armée portent Weischelmunde.

(4) « Dantzick se rendit à nos armes le 24 mai 1807. »
(*Biograph. nouv. des Contemporains.*)

(5)   SOIXANTE-DIX-SEPTIÈME BULLETIN.
« *Finckenstein, le 20 mai* 1807.

» Dantzick a capitulé. Cette belle place est en notre pouvoir. 800 pièces d'artillerie, des magasins de toute espèce, plus de 500,000 quintaux de grains, des caves considérables, de grands approvisionnemens de draps et d'épiceries, des ressources de toute espèce pour l'armée, et enfin une place forte de premier ordre appuyant notre gauche, comme Thorn appuie notre centre, et Prag notre droite; ce sont les avantages obtenus pendant l'hiver, et qui ont signalé les loisirs de la grande armée : c'est le premier, le plus beau fruit de la victoire d'Eylau. La rigueur de la saison, la neige qui a souvent couvert nos tranchées, la gelée qui y ajoute de nouvelles difficultés, n'ont pas été des obstacles pour nos travaux. Le maréchal Lefebvre a tout bravé. Il a animé d'un même esprit les Saxons, les Polonais, les Badois, et les a fait marcher à son but. Les difficultés que l'artillerie a eu à vaincre étaient considérables. 100 bouches à feu, 5 à 600 milliers de poudre ont été tirées de Stettin et des places de la Silésie. Il a fallu vaincre bien des difficultés de transport, mais la Vistule à offert un moyen facile et prompt. Les marins de la garde ont fait passer les bateaux sous le fort de Graudentz avec leur habileté et leur résolution ordinaires. Le général Chasseloup, le général Kirgener, le colonel Lacoste, et en général tous les officiers du génie, ont servi de la manière la plus distinguée. Les sapeurs ont montré une rare intrépidité. Tout le corps d'ar-

tillerie , commandé par le général Lariboissière , a soutenu sa
réputation. Le 2.ᵉ régiment d'infanterie légère, le 12.ᵉ, et les
troupes de Paris , le général Schramm et le général Puthod , se
sont fait remarquer. Un journal détaillé de ce siége sera rédigé
avec soin. Il consacrera un grand nombre de faits de bravoure
dignes d'être offerts comme exemples , et faits pour exciter l'enthousiasme et l'admiration.

 » Le 17, la mine fit sauter un blockhausen de la place d'armes
du chemin couvert. Le 19, la descente et le passage du fossé
furent exécutés à sept heures du soir. Le 21 le maréchal Lefebvre,
ayant tout préparé pour l'assaut , on y montait, lorsque le colonel Lacoste , qui avait été envoyé le matin dans la place pour
affaires de service , fit connaître que le général Kalkreuth de-
mandait à capituler aux mêmes conditions qu'il avait autrefois
accordées à la garnison de Mayence. On y consentit. Le Hakels-
berg aurait été enlevé d'assaut sans une grande perte ; mais le
corps de place était encore entier. Un large fossé rempli d'eau
courante offrait assez de difficultés pour que les assiégés prolon-
geassent leur défense pendant une quinzaine de jours. Dans cette
situation , il a paru convenable de leur accorder une capitulation
honorable.

 » Le 27 , la garnison a défilé , le général Kalkreuth à sa tête.
Cette forte garnison, qui d'abord était de 16,000 hommes , est
réduite à 9,000 , et sur ce nombre 4,000 ont déserté. Il y a même
des officiers parmi les déserteurs.. « Nous ne voulons pas, disent-
ils , aller en Sibérie. » Plusieurs milliers de chevaux d'artillerie
nous ont été remis , mais ils sont en fort mauvais état. On dresse
en ce moment les inventaires des magasins. Le général Rapp est
nommé gouverneur de Dantzick.

 » Le lieutenant-général russe Kamenski , après avoir été battu
le 15 , s'était acculé sous les fortifications de Weischelmunde ;
il y est demeuré sans oser rien entreprendre, et il a été specta-
teur de la reddition de la place. Lorsqu'il a vu que l'on établis-
sait des batteries à boulets rouges pour brûler ses vaisseaux, il
est monté à bord et s'est retiré. Il est retourné à Pillau.

 » Le fort de Weischelmunde tenait encore. Le maréchal
Lefebvre l'a fait sommer le 26 ; et pendant que l'on réglait la

capitulation , la garnison est sortie du fort et s'est rendue. Le commandant, abandonné, s'est sauvé par mer. Ainsi , nous sommes maîtres de la ville et du port de Dantzick. Ces événemens sont d'un heureux présage pour la campagne. L'empereur de Russie et le roi de Prusse étaient à Heilingenbel. Ils ont pu conjecturer de la reddition de la place par la cessation du feu. Le canon s'entendait jusque-là.

» L'Empereur, pour témoigner sa satisfaction à l'armée assiégeante , a accordé une gratification à chaque soldat.

» . . . . »

(6) Du 44.ᵉ régiment.

(7) A Fribourg , en 1644.

Tous les *Bulletins* que j'ai cités, dans les Notes de mon Poème, sont extraits d'un ouvrage , en deux volumes in-8.º , intitulé :

Bulletins officiels de la Grande Armée, *dictés par* l'Empereur Napoléon ; *et recueillis par* Alexandre Goujon, *ancien officier d'Artillerie légère, membre de la Légion-d'Honneur.* Campagnes d'Austerlitz , d'Iéna , de Prusse, de Pologne et d'Autriche. Paris, Alexandre Corréard, libraire. 1822.

FIN DES NOTES DU QUATRIÈME CHANT.

LE MARÉCHAL LEFEBVRE.

CHANT CINQUIÈME.

Le héros dont ma voix veut célébrer la vie
Joignait à ses vertus encor la modestie.
O Lannes, Oudinot, dont le zèle éclatant
Vint secourir Lefebvre, en un danger pressant,
Il n'a point oublié votre ardeur généreuse,
Il veut que vous preniez une part glorieuse
Dans la possession d'une grande cité,
Qui vient de se soumettre à notre autorité :
Il veut que vous veniez avec lui dans la place,
Devant laquelle on vit votre brillante audace.
Mais un noble refus par vous est déclaré :
Vous voulez que Lefebvre alors soit assuré
Que ce n'est qu'à lui seul qu'on doit donner la gloire
D'avoir sur toi, Dantzick, obtenu la victoire ;
Et, pour faire cesser cette lutte d'honneur,
Entre trois généraux, si remplis de valeur,
Les deux que l'on a vus prêter leur assistance
A celui que je loue avec persévérance,

Repassent la Vistule, et laissent mon héros
Aller consolider l'effet de ses travaux.

Lefebvre vient combler d'égards, de bienveillance,
Le gouverneur qui cède à sa haute vaillance :
Le général Kalkreuth (1) est ce noble ennemi,
Contre les grands dangers son cœur est affermi.
Lefebvre avec lui fait un accord équitable,
Un pacte modéré, consolant, honorable.
O Kalkreuth ! on t'accorde une convention
Qui répond pleinement à ton intention :
C'est un traité pareil à celui qu'à Mayence
Tu consentis avec les guerriers de la France (2).

Kalkreuth est reconduit avec tous les honneurs
Que comptent les guerriers pour de hautes faveurs :
Une lettre par lui bientôt est envoyée
A celui dont l'ardeur s'est le plus déployée
Pour faire triompher le drapeau des Français,
Et qui vient d'obtenir un glorieux succès.
Voici quelques fragmens de cette lettre, écrite
Par Kalkreuth, en qui s'offre un solide mérite.
Par de nobles motifs cet hommage est dicté :
Il respire l'honneur, la sensibilité;
Une attention vraie, autant que délicate,
Vient remplir cet écrit d'un intérêt qui flatte.
Là, le vieux compagnon de Frédéric-le-Grand,
Montre combien il est digne de son haut rang;
Il montre que l'attrait de la reconnaissance
Est fait pour animer un cœur plein de vaillance.
L'histoire a conservé les pasages suivans
D'une lettre où sont peints des sentimens touchans.

Tu prétends, ô ma Muse ! aussi les reproduire ;
Pour souscrire à ton vœu ma voix va les redire :
 « De vous remercier, je me fais une loi ;
» Je ne laisserai point partir d'auprès de moi
» Le général Jarry, dont ici je me loue,
» Sans vous mander combien mon âme à jamais voue
» Le plus doux souvenir à toutes vos bontés.
» Combien de sentimens sont par vous mérités *!*
» Votre amitié toujours me sera précieuse.
» Puisque votre âme est grande autant que courageuse,
» Je me dois savoir gré, bien véritablement,
» De ne vous avoir pas connu précédemment :
» Il m'en eût trop coûté de chercher à vous nuire.
» Partout où vous verrez le destin vous conduire,
» Jouissez de la gloire et des succès nombreux
» Que vous ont mérités vos efforts valeureux.
» Partout mon souvenir, bien sensible et sincère,
» Suivra votre personne, ô mon noble adversaire !
» Ce sont là mes adieux : tout mon attachement
» A voulu s'exprimer pour vous, en ce moment.»
 Les grands travaux ont droit aux grandes récompenses :
Si Lefebvre a rendu des services immenses,
La conquête qu'il vient de faire à nos drapeaux
Mérite qu'on l'élève à des honneurs nouveaux.
Le souverain lui donne un brillant témoignage :
La haute dignité qui devient son partage
Consacre pour jamais son triomphe éclatant.
Duc de Dantzick alors est son titre imposant (3).
Dans l'acte solennel constatant cette gloire,
On trouve écrits des mots, bien dignes de mémoire,

Et qui montrent combien notre auguste Empereur
S'attache à propager l'éclat de la valeur,
En veillant aux effets des honneurs qu'il décerne,
Pour le bien de l'Etat que son sceptre gouverne.
Ces termes, dont se vient servir Napoléon,
Sont d'un vœu généreux la noble expression.
Voilà plus de trente ans qu'ils frappèrent mon âme,
Quand sommeillait encor ma poétique flamme.
Ils viennent maintenant flatter mon souvenir,
Qui croit intéressant ici de les offrir.
« Que le titre de duc, dit notre grand monarque,
» Soit pour ses descendans une frappante marque,
» Qui retrace à leur cœur les vertus, les hauts faits
» Que leur père a montrés pour le peuple français;
» Et que, de ces vertus, de ces exploits insignes,
» Ces mêmes descendans jugent qu'ils sont indignes,
» Si, quand la guerre vient déployer nos drapeaux,
» Ils préféraient jamais un indigne repos
» Aux périls que les camps offrent dans leur carrière,
» Dont la valeur se plaît à fouler la poussière;
» Si jamais la patrie, enfin, pouvait un jour
» Cesser d'être leur but et leur premier amour. »

FIN DU CINQUIÈME CHANT.

Notes du Chant cinquième.

(1) Le comte de Kalkreuth, qui, depuis devint feld-maréchal.

« . . . Nommé, en 1806, gouverneur de Thorn et de Dantzick, il devint, quelque temps après, inspecteur-général de
toute la cavalerie prussienne, et colonel en chef des dragons de
la Reine....... Il défendit, depuis, Dantzick, assiégé par l'armée
française aux ordres du maréchal Lefebvre, avec lequel il con-
clut, le 27 mai 1807, une capitulation par laquelle il obtint que
la garnison ne serait point prisonnière de guerre. Ce fut lui qui,
le 24 juin suivant, signa le traité de Tilsit avec Napoléon. Il
venait d'être nommé gouverneur de Berlin, au mois de janvier
1810, quand le roi de Prusse le chargea de se rendre à Paris
pour y complimenter l'empereur des Français, à l'occasion de
son mariage avec l'archi-duchesse Marie-Louise. De retour en
Prusse, le comte de Kalkreuth fut nommé gouverneur de Bres-
lau. En 1814, on lui confia le gouvernement du grand duché de
Varsovie : mais il le quitta bientôt pour celui de la capitale de
la Prusse. Il mourut le 10 juin 1818, à Berlin. Il était âgé de 82
ans et en avait passé 67 au service. Il avait des qualités estima-
bles qui le firent regretter. »

(Biog. nouv. des Contemporains, t. X, p. 49.)

(2) « Le maréchal Lefebvre combla d'égards le gouverneur,
le général comte de Kalkreuth, qui obtint la même capitulation
que celle qu'il avait accordée, 14 ans auparavant, à la célèbre
garnison française de Mayence. »

(Biog. nouv. des Contemporains, t. XI, p. 239.)

« 23 juillet 1793. — La ville de Mayence, assiégée depuis quatre
mois par quatre-vingts mille hommes, est remise par capitulation aux Prussiens. L'armée républicaine, forte seulement de
vingt-deux mille combattans au commencement du siége, n'était

5

plus que de dix-sept mille hommes. La seule condition qui lui est imposée est de ne passervir, avant un an, contre les puissances coalisées. »

(*Biogr. nouv. des Contemp.* TABLEAU. CRONOLOGIQUE.)

(3) « Le titre de duc de Dantzick fut accordé au maréchal Lefebvre le 28 mai 1807. »

(*Biog. nouv. des Contemporains*, t. XI, p. 239.)

FIN DES NOTES DU CINQUIÈME CHANT.

LE MARÉCHAL LEFEBVRE.

CHANT SIXIÈME.

Duc de Dantzick ! pour toi s'ouvre une autre campagne:
On te vient appeler à combattre en Espagne (1) :
Le quatrième corps est guidé par ta voix ;
Tu vas encore là faire de grands exploits.

Durango , près de toi mon héros se signale :
Blacke et la Romana , son ardeur martiale
Remporte ici sur vous un triomphe éclatant.
Espinosa, tu vois ce mortel imposant
Concourir au succès que , par notre vaillance ,
Obtiennent près de toi les drapeaux de la France :
L'armée des ennemis, qu'il a su disperser,
Plus vivement encor se voit ici chasser.

L'année suivante , on voit un autre territoire
Procurer à Lefebvre une nouvelle gloire.
En Allemagne on vient encor le rappeler :
Sous lui, les Bavarois (2) vont là se signaler :
Ces guerriers, qui pour nous sont des auxiliaires ,
Lefebvre les conduit contre nos adversaires.
Trois généraux fameux, à ses ordres soumis,
Brûlent de s'élancer contre nos ennemis.

Thann et vous Abensberg, contre vous on engage
Deux combats, dans lesquels éclate son courage.
Mais Eckmulh et Wagram (3), noms pour nous glorieux,
Vous avez surtout vu les efforts belliqueux
De celui dont je peints la valeur éclatante :
A vos journées il vint prendre une part brillante.
Dans l'espace de temps que l'on vit exister
Entre les deux grands faits que je viens de citer,
Lefebvre encor déploie une haute influence,
Qui du Tyrol a su calmer l'effervescence.

    Après tant de combats, il n'est point de repos :
Combien d'autres dangers appellent mon héros !

    Campagne de Russie, entreprise étonnante (4),
Qui rends, pour les Français, la fortune accablante,
Le duc de Dantzick va redoubler de vigueur,
Pour faire triompher encor notre valeur.
Oh ! qu'il mérite bien la faveur spéciale
De commander en chef la garde impériale !
Quel amour ont pour lui ses braves compagnons !
Comme il sait supporter tant de privations,
Les fatigues qu'on voit se répéter sans cesse,
La rigueur des frimas, la cruelle détresse !
Nul, plus que lui, n'a su montrer que les revers
Ne peuvent affaiblir des sentimens bien chers.

    De Lefebvre, l'on fait, à son retour en France,
Un choix qui prouve bien la haute confiance
Qu'on a dans sa valeur, dans sa capacité.
Ces guerriers échappés à la calamité,
Ces illustres débris d'une armée admirable
Composent une armée encore formidable.

L'aile gauche, on la met sous ton commandement,
O Lefebvre ! toujours si plein de dévoûment.
L'excès de nos malheurs vient encor davantage
Animer ton beau zèle, accroître ton courage.

En cette année cruelle (5), où tu vois ton pays
Frémir de se trouver en butte aux ennemis,
Combien ton zèle pur encor se manifeste !
Combien tu viens montrer que ton ame est modeste !
Dans des commandemens d'un rang inférieur,
On te voit déployer une haute valeur,
Et qui renouvela les faits remplis de gloire
Que tu fis quand tu vins conduire à la victoire
L'armée de Sambre-et-Meuse ; et l'on aime à citer
Trois combats où l'on voit ton ardeur éclater,
Pour chercher à venger le sol de ta patrie,
Par tout ce que tu peux mettre au jour d'énergie.

Quel noble dévoûment par Lefebvre est offert,
Près de vous, Montmirail, près de vous, Champ-Aubert !
Arcis-sur-Aube, aussi, vous voyez sa vaillance :
Vous voyez ce qu'il fait pour délivrer la France.
Le feu des ennemis renverse son cheval :
A son maître, ce coup pouvait être fatal.
Tu viens combattre à pied, noble sexagénaire,
Dont rien ne fait fléchir l'ardeur, le caractère.

Le duc de Dantzick n'est de retour à Paris
Qu'après que l'Empereur au destin s'est soumis,
Qu'après que l'on a vu son auguste personne
Abdiquer le pouvoir que donne la couronne.

En prenant en ses mains les rênes de l'Etat,
Louis compose un corps empreint d'un rare éclat :

Une chambre des pairs, où l'on voit l'assemblage
Des plus hautes vertus, du plus noble courage.
Un corps si distingué doit te voir en ses rangs,
O Lefebvre, animé de sentimens si grands !
Le prince alors te vient placer dans cette élite,
Afin de rendre hommage à ton frappant mérite.

    Mon héros, qui, par l'âge et les infirmités,
Voit ses mâles penchans pleinement limités,
Ne peut plus maintenant, sur l'arène sanglante,
Prétendre déployer sa valeur étonnante.
Mais il sert la patrie en des occasions
Qui se viennent ouvrir à des discussions,
D'un intérêt majeur pour la chose publique,
Dans la chambre où l'on voit son zèle politique.

    A plus d'un titre, ainsi, chacun doit le chérir,
Ce mortel, que ma Muse aime tant à bénir :
Il est doux de montrer quelle reconnaissance
Mérite un citoyen si zélé pour la France.
Oh ! puisse-t-il long-temps, cet excellent héros,
Jouir de ses honneurs, de son noble repos !

      FIN DU SIXIÈME CHANT.

Notes du Chant sixième.

(1) En 1808.

(2) « Rappelé en Allemagne, l'année suivante (1809), il prit le commandement de l'armée bavaroise, et eut sous ses ordres le prince royal de Suède et les généraux de Wrède et Deroi. »
(*Biog. nouv. des Contemporains.*)

(3) La bataille d'*Eckmühl* a eu lieu le 22 avril 1809, et celle de *Wagram* le 6 juillet même année.

(4) « La campagne de Russie est l'entreprise la plus hardie et peut-être la plus utile à l'Europe. »
(M. le général Comte DE SÉGUR : *Histoire de Napoléon et de la Grande Armée.*)

(5) On peut facilement voir qu'il s'agit ici de l'invasion de 1814.

FIN DES NOTES DU SIXIÈME CHANT.

LE MARÉCHAL LEFEBVRE.

CHANT SEPTIÈME.

Ah ! rien ne garantit de la Parque cruelle !
Elle a fait ressentir son atteinte mortelle (1)
A celui qu'on voyait l'objet de tous mes vœux.
Son nom seul doit survivre à ce coup rigoureux ,
Car ses nombreux enfans , hélas ! sont dans la tombe,
Avant le jour fatal où leur père succombe.
Douze fils , quel espoir pour l'auteur de leurs jours !
Mais que la destinée a de fâcheux retours !
De tant de rejetons , la mort prématurée
Pourrait-elle par moi n'être pas déplorée ?
Quelque chose de grand veut pourtant consoler
La douleur que mon cœur ici vient révéler :
O mortel, qu'à vanter constamment je m'applique ,
De tes deux derniers fils la mort fut héroïque !
C'est en se signalant au milieu des combats ,
Qu'ils trouvèrent tous deux un glorieux trépas.

Lefebvre, à ta mémoire il me faut rendre hommage,
Et pour cela j'invoque un noble témoignage :
Ce sont des mots touchans, d'un généreux guerrier ,
Bien digne de te peindre et de t'apprécier.

O duc d'Albuféra (2) c'est ta voix que j'allègue,
Toi qui de mon héros fut l'ami, le collègue :
C'est ton juste tribut qu'ici je veux offrir,
Et qui ne peut manquer de se voir applaudir.
Ton discours, où l'on voit une éloquente empreinte,
Tu le vins prononcer au milieu de l'enceinte
Où Lefebvre siégeait, pour le bien de l'Etat.
Tu répands sur son nom un glorieux éclat.

   « Dès que la guerre vint se préparer en France,
» Lefebvre se créa, par son intelligence,
» Une tactique propre à ses goûts belliqueux,
» Et ce mode, pour lui, fut constamment heureux.
» Son génie militaire avait un avantage,
» Qui de peu de héros est le noble partage :
» Sans avoir combiné, sans avoir pris un plan,
» L'aspect du terrain seul motivait son élan.
» C'est en voyant soudain un point de territoire,
» Qu'il trouvait le moyen de fixer la victoire.
» Dans les combats majeurs qu'il eut à soutenir,
» Combien à leur succès il a su concourir !
» Le grand nombre d'entr'eux c'est lui qui les décide,
» Par sa rare vaillance et son coup d'œil rapide ;
» Par l'art profond qu'il eut de vous électriser,
» Soldats, qui le voyez si souvent s'exposer ;
» Par le talent qu'il eut, dans toute circonstance,
» De gagner votre amour et votre confiance ;
» Par le don qu'il avait de porter votre ardeur
» A produire des faits d'une haute valeur ;
» Par ce moyen puissant, et que l'honneur domine,
» De maintenir toujours l'exacte discipline,

» Dans des temps malheureux, où de fâcheux excès

» Auraient voulu trouver, dans nos rangs, un accès. »

   L'excellent maître à qui j'emprunte une peinture

Dont rien de faux ne vient altérer la nature,

Pour mieux représenter l'objet de ses regrets,

Ajoute à son portrait ces chérissables traits :

   « Prouver que l'on possède un talent admirable,

» Et qu'on a dans son cœur un courage indomptable ;

» Porter dans les hasards des coups d'un grand éclat,

» Et qui vient étonner le peuple, le soldat,

» Suffisent pour fonder la courte renommée

» D'un général, qui sait enflammer une armée ;

» Mais il est bien certain que la postérité

» Ne donne les lauriers de l'immortalité

» Qu'au guerrier généreux, dont la noble conduite,

» Dans les pays conquis mérite qu'on la cite

» Comme un modèle offert à l'admiration.

   « De Lefebvre, voyez la puissante action,

» Comme il sait diriger, mener à la victoire,

» Des guerriers étrangers à notre territoire !

» Polonais et Badois, sous son commandement,

» Vinrent rivaliser d'ardeur, de dévoûment,

» Avec vous, ô Français ! d'une honneur si guerrière.

» Les soldats de la Saxe et ceux de la Bavière,

» Sous ses ordres aussi brûlaient de s'élancer

» Dans le poste où sa voix désirait les placer.

» Tous ont pleuré sa mort... A son heure fatale

» Combien s'est fait sentir la douleur générale !

» Ce concert si complet de bénédictions,

» De regrets, exprimés par tant de nations,

» O Danube, est venu retentir sur tes rives !
» Vistule, près de toi, combien de voix plaintives
» Ont aussi déploré le trépas du guerrier
» A qui ma main présente un funèbre laurier !
» Fleuve majestueux, dont je respecte l'onde,
» Combien, sur tes deux bords, ta douleur fut profonde,
» Lorsqu'on vint t'annoncer que l'illustre mortel
» Dont ma voix fait ici l'éloge solennel,
» O Rhin, avait fini ses glorieux destins !
    » France, je vous atteste, et vous pays lointains,
» Partout où Lefebvre a signalé sa présence,
» Partout où l'on a vu sa gloire, sa vaillance,
» On l'a vu pratiquer la douceur, l'équité,
» Et les lois de l'honneur et de l'humanité. »
    Que de beaux traits encore il nous reste à redire !
L'intérêt personnel n'eut sur lui nul empire :
Toujours il négligea d'employer les moyens
De s'assurer un sort et d'acquérir des biens.
Lorsqu'il versait son sang, pour venger la patrie,
Combien il éprouvait alors de pénurie !
Son fils est au collége : il en est renvoyé (4),
Parce que son tribut ne peut être payé.
    Par la paix (5), notre armée est rendue inutile.
Que ta position, Lefebvre, est difficile !
Au directoire alors tu fais porter ces mots,
Qui montrent bien ce qu'est un modeste héros :
    « La guerre ayant cessé d'offrir son exercice,
» Il ne m'est plus permis de rendre aucun service
» Qui puisse être important envers ma nation.
» Je ne puis subsister sans une pension,

» Qui me vienne assurer une honnête existence.

» Je ne souhaite point de luxe , d'abondance (6);

» Mon unique désir est d'obtenir du pain.....

» Vous connaissez mes faits, et mon cœur est certain

» Que vous pouvez juger s'ils sont tous méritoires.

» Je ne veux point ici vous compter mes victoires ;

» Ma franchise pourtant me porte à m'exprimer

» Dans des termes qu'il faut peutê-tre supprimer :

» Jusqu'ici je n'ai point éprouvé de défaites ;

» Pour le bien de l'Etat mes actions sont faites ;

» Ainsi les habitans des différens pays ,

» Qui par nos armes sont à la France conquis ,

» Ne citeront de moi nul trait qui soit contraire

» A tout ce que prescrit la probité sévère.

» Avant que j'aille loin du champ de la valeur,

» Un devoir, qui m'est cher, ici presse mon cœur :

» Que mes aides-de-camp, si remplis de civisme,

» De talens, de bravoure et de patriotisme,

» reçoivent de l'Etat le prix qui leur est dû !

» Que pour vous mon désir aussi soit entendu,

» Vous, qui me secondiez, officiers d'ordonnance,

» Envers qui je réclame aussi la bienveillance

» Que doit vous témoigner notre gouvernement ,

» Pour payer votre zèle et votre dévoûment ! »

    Du pain pour toi, Lefebvre, et tu fais des instances
Pour que tes officiers aient quelques récompenses !
L'antiquité n'a rien qui ressemble à ce trait,
Qui fait encore plus admirer ton portrait.

FIN DU SEPTIÈME CHANT.

Notes du Chant septième.

(1) « Le 14 septembre 1820, le maréchal Lefebvre mourut à Paris, sans avoir la consolation de se survivre dans ses enfans. Il avait eu douze fils, et tous sont morts, les deux derniers héroïquement sur le champ de bataille. »

(Biographie nouvelle des Contemporains.)

(2) C'est encore du discours de M. le maréchal Suchet, dònt j'ai déjà cité des fragmens, que j'ai extrait les passages qui sont indiqués ci-après, par des guillemets.

(3) En 1796.

(4) Celle de 1799.

(5) La lettre dit : « . . . . . Je vous prie de me faire avoir une pension, pour que je puisse vivre honnêtement. Pour cela, je n'ai besoin ni de chevaux, ni de voiture : je n'exige que du pain. . . . . »

(Biographie nouv. des Contemporains.)

FIN DES NOTES DU SEPTIÈME CHANT.

LE MARÉCHAL LEFEBVRE.

CHANT HUITIÈME.

Le mortel dont je peins la carrière fameuse
Avait l'âme sensible autant que valeureuse.
Un jour il vint montrer combien de dignité
S'alliait dans son cœur à l'intrépidité :
Il sut montrer combien ses penchans tutélaires
Étaient loin d'applaudir des ordres sanguinaires.
  Un représentant vint lui tenir ce discours,
Qui montre ce qu'étaient nos décrets en ces jours (1):
« Des avis , général , m'ont donné connaissance
» Que , dans les corps soumis à votre obéissance ,
» Des nobles , qu'a frappés la réprobation ,
» Figurent , nonobstant cette proscription ;
» Faites-les-moi connaître, afin que je remplisse ,
» Contre eux, la mission qu'il faut que j'accomplisse. »
Lefebvre alors répond, avec la fermeté
Qui sied toujours si bien à la sincérité :
» Sous mes ordres il n'est, pour servir la patrie,
» Que des hommes par qui je vois qu'elle est chérie;
» Tous l'ont bien défendue , et je puis attester
» Qu'il n'en est pas un seul que je doive excepter. »
Ce témoignage fut pleinement efficace :
Nul ne fut arrêté , nul ne perdit sa place.

L'indulgence eut encor de l'attrait pour son cœur,
Et souvent on l'a vu protéger le malheur :
Non, son âme jamais ne fut inexorable.
Aux émigrés, son nom devint recommandable :
Quand quelques-uns d'entr'eux tombaient entre ses mains,
Il venait leur montrer des sentimens humains.
Sachant que les livrer à des cours spéciales (2),
Qui déploieraient contre eux des mesures fatales,
Ce serait les vouloir envoyer à la mort,
On le vit s'occuper de veiller sur leur sort :
Il en sauva plusieurs au péril de sa vie.

Lefebvre, toujours simple et plein de modestie,
Eut cependant, un jour, l'admirable désir
De prouver qu'il voulait toujours se souvenir
Qu'il s'était élevé dans une haute sphère
Par ses propres efforts, son ferme caractère,
Par son zèle constant, sa juste volonté
De se créer un rang dans la société.
En son château (3) s'offrait une armoire orgueilleuse,
Et dont on remarquait la forme spacieuse (4) :
C'était un monument digne d'intéresser
L'être judicieux qui venait le fixer.
Une dame là vient, s'arrête, le regarde,
Et cette femme était la baronne Lagarde (5),
Pour qui la maréchale avait de l'amitié.
Le contenu du meuble ici spécifié
Soudain se vient offrir aux yeux de la baronne.
Madame Lefebvre est l'obligeante personne
Qui montre ces objets, qu'on trouve intéressans,
Puisqu'ils prouvent combien les destins sont puissans.

L'armoire colossale, unique en son espèce,
Renferme les habits que le duc, la duchesse,
Ont successivement portés, depuis qu'hymen
Soumit ces deux mortels à son touchant lien :
L'humble habit plébéien à d'autres se marie,
Et le manteau ducal complète la série.
« De mon mari, de moi, le désir curieux
» Se plaît à conserver ces vêtemens nombreux ;
» Et d'ailleurs nous pensons qu'il est bon, qu'il est sage,
» De revoir quelquefois, comme c'est notre usage,
» Ces choses que nos goûts ont voulu rallier :
» Ainsi nous ne pouvons jamais les oublier, »
Disait la maréchale, en parlant à l'amie
Dont le nom, en ces vers, à son nom s'associe.

Muse, nous atteignons le but de nos travaux :
Nous allons donc bientôt déposer nos pinceaux ;
Il nous faut terminer ce tableau véridique
Par un trait qui nous peint l'âme patriotique,
La noble indépendance et la sincérité
Du maréchal, par qui ton zèle est excité.

Paris, lorsqu'en ton sein les troupes étrangères
Pour la première fois montrèrent leurs bannières,
L'armée que commandait la voix de l'Empereur,
Et dont Fontainebleau sut admirer l'ardeur,
Eut le duc de Dantzick au milieu de ses braves.
Ah ! les évènemens devinrent des plus graves !
Ce n'est qu'après l'effet de l'abdication
Que, par humanité, souscrit Napoléon (6),
Qu'on vit Lefebvre entrer dans notre capitale.
Combien là dut souffrir son humeur martiale !

L'empereur de Russie est dans cette cité (7);
Le duc à ce monarque est bientôt présenté (8).
Leur conversation par ces mots se peut rendre :
« Monsieur le maréchal , dit d'abord Alexandre,
» Sous les murs de Paris , ainsi vous n'étiez pas ,
» Quand près d'eux ils ont vu se montrer nos soldats.
» — Non, sire , le malheur de notre destinée
» A trop tard en ces lieux permis notre arrivée.
» — Le *malheur* ! dit le prince , avec un doux accent ;
» Vous êtes donc fâché qu'ici je sois présent ? »
« — Sire , j'admire et vois , avec reconnaissance ,
» Un guerrier qui possède une grande puissance ,
» Et qui sait , jeune encore , user modérément
» De la victoire, où tout mène à l'entraînement ;
» Mais c'est en gémissant que mon âme flétrie
» Voit un vainqueur s'offrir au sein de ma patrie. »
« — De ces bons sentimens je dois féliciter
» Celui qui vient ici de les manifester :
» Ils accroissent encor cette parfaite estime
» Que j'ai pour un mortel que tant d'honneur anime , »
Réplique l'empereur , au sincère héros
Dont j'aime à signaler l'intéressant propos ,
Dans lequel se déploie une noble assurance.

Tel fut cet entretien , dont j'offre la substance ,
Où , sans blesser l'orgueil du monarque étranger ,
Le maréchal , dont l'arme eût voulu nous venger ,
Sut montrer du Français l'esprit , le caractère ,
Et toute la fierté qui nous est ordinaire.

FIN DU HUITIÈME ET DERNIER CHANT.

Notes du Chant huitième.

(1) En 1794.

(2) La Biographie dit : « aux commissions spéciales. »

(3) A Combaut, département de Seine et Marne.

(4) Elle avait au moins 20 pieds de longueur.

(5) Épouse du préfet de Seine et Marne.

(6) Acte d'abdication de l'empereur Napoléon.

« *Au palais de Fontainebleau, le 11 avril 1814.*
» Les puissances alliées ayant proclamé que l'empereur Napoléon était le seul obstacle au rétablissement de la paix en Europe, l'empereur Napoléon, fidèle à son serment, déclare qu'il renonce, pour lui et ses héritiers, aux trônes de France et d'Italie, et qu'il n'est aucun sacrifice personnel, même celui de la vie, qu'il ne soit prêt à faire à l'intérêt de la France. »

(7) « 23 mars 1814. Marche des alliés sur Paris.
» 29 — L'empereur de Russie et le roi de Prusse établissent leur quartier-général à Bondi, près de Paris.
» 30 — Napoléon quitte son armée pour se rendre à Fontainebleau.
Bataille de Paris.
» 31 — Capitulation de cette capitale.
Entrée des alliés. »
Biog. nouv. des Contemp. (TABL. CHRONOLOGIQUE.)

(8) « . . . . . Nous allons terminer cet article en rapportant un trait de patriotisme, qui prouve la franchise et la noble indépendance du maréchal. Lors de la première entrée des troupes

étrangères dans la capitale, le duc de Dantzick faisait partie de
l'armée que commandait l'empereur Napoléon en personne, et
qui était à Fontainebleau. Après l'abdication de ce prince, il
vint à Paris, et fut présenté à l'empereur de Russie. « Vous n'é-
» tiez donc pas, monsieur le maréchal, sous les murs de cette
» ville lorsque nous y sommes arrivés? lui dit Alexandre. —
» Non, Sire, nous avons eu le malheur de ne pas pouvoir arri-
» ver assez tôt. — Le *malheur*! reprit en souriant le prince, vous
» êtes donc fâché de me voir ici? — Sire, j'y vois avec admira-
» tion et reconnaissance un guerrier qui, jeune encore, use de
» la victoire avec modération; mais c'est en gémissant que je vois
» un vainqueur dans ma patrie. — Je vous félicite de ces senti-
» mens, monsieur le maréchal, réplique l'empereur; ils ne font
» qu'ajouter à mon estime pour vous. » Telle fut en substance
» cette conversation, où le maréchal sut montrer la fierté et
» l'esprit du caractère français, sans blesser l'orgueil du prince
» étranger. »

       (*Biog. nouv. des Contemporains*, t. XI, p. 241.)

FIN DES NOTES DU HUITIÈME ET DERNIER CHANT.

Errata.

A la fin de l'Epître dédicatoire, un point a été omis.

Deuxième ligne de la 1.re note de l'avant-propos, lisez *impe-tueux*.

Page 8, ligne 22, au lieu d'authencité, lisez *authenticité*.

Page 9, neuvième ligne, au lieu de féeondité, lisez *fécondité*.

Page 16, ligne 23, au lieu d'un point, mettez une virgule.

Page 17, dernière ligne, au lieu de vinà, lisez *vin à*.

Page 19, ligne 24, au lieu de france, lisez *France*.

A la 22.e ligne de la première page des notes du 1.er Chant, au lieu d'architecture, lisez *architecture*.

A l'avant-dernière ligne de la même page, au lieu de Rouffac, lisez *Rouffach*.

Page 17, cinquième ligne, après le cinquième mot, ôtez la virgule.

Même page, sixième ligne, au lieu de la familiarité, lisez *de familiarité*.

Page 26, neuvième ligne, après ces mots : ô vous, mettez une virgule.

Page 28, septième ligne, quatrième mot, mettez une virgule.

Page 37, vingtième ligne, au lieu de grand officier, lisez *grand-officier*.

Page 38, deuxième ligne, après le troisième mot, mettez une virgule.

Page 40, onzième ligne, au lieu de CRONOL., lisez CHRONOL.

Page 54, deuxième ligne, au lieu de 63, lisez 66.

Même page, dix-septième ligne, au lieu de : les feux, lisez *les premiers feux*.

Page 57, onzième ligne, après le cinquième mot, mettez une virgule.

Même page, trente-deuxième ligne, après la troisième mot, mettez une virgule.

Même page, vingt-sixième ligne, après le cinquième mot au, lieu de deux points, mettez un point.

Après le sixième mot de la deuxième ligne des notes du Chant cinquième, mettez une virgule.

Page 66, ligne cinq, au lieu de cronologique, lisez *chronologique.*

Page 76, vingt-unième vers, au lieu de (4), mettez (3).

Même page, vingt-troisième vers, au lieu de (5), mettez (4).

Page 77, deuxième vers, au lieu de (6), mettez (5).

Même page, dix-neuvième vers, au lieu d'aides-de-camp, lisez *aides de camp.*

Même page, au commencement du dix-neuvième vers, au lieu de reçoivent, mettez *Reçoivent.*

A Coutances, de l'Imprimerie de J. V. VOISIN et C.ie